青少年创新设计基础

SketchUp
3D创意设计

沈红建　主编

江苏大学出版社
JIANGSU UNIVERSITY PRESS

镇　江

内容简介

本书定位为青少年创新设计基础教程,本书共分 10 章,第 1 章介绍基本的 3D 打印知识;第 2～4 章讲解了 3D 打印创作软件 SketchUp 的常用工具;第 5～10 章以贴近青少年生活的主题实例进一步巩固提升使用 SketchUp 软件进行创新设计的能力。本书结构合理,实例丰富,设计科学,图文并茂,版块分明,适合开设 3D 打印相关课程的高职校及中小学师生阅读,也可作为学校课程教材使用。

图书在版编目(CIP)数据

SketchUp 3D 创意设计 / 沈红建主编. — 镇江:江苏大学出版社,2019.8
ISBN 978-7-5684-1141-7

Ⅰ. ①S… Ⅱ. ①沈… Ⅲ. ①立体印刷－印刷术－计算机辅助设计－应用软件 Ⅳ. ①TS853-39

中国版本图书馆 CIP 数据核字(2019)第 172116 号

SketchUp 3D 创意设计
SketchUp 3D Chuangyi Sheji

主 编/	沈红建
责任编辑/	郑晨晖
出版发行/	江苏大学出版社
地 址/	江苏省镇江市梦溪园巷 30 号(邮编:212003)
电 话/	0511-84446464(传真)
网 址/	http://press.ujs.edu.cn
排 版/	镇江市江东印刷有限责任公司
印 刷/	丹阳兴华印务有限公司
开 本/	710 mm×1 000 mm 1/16
印 张/	10.5
字 数/	198 千字
版 次/	2019 年 8 月第 1 版 2019 年 8 月第 1 次印刷
书 号/	ISBN 978-7-5684-1141-7
定 价/	46.00 元

如有印装质量问题请与本社营销部联系(电话:0511-84440882)

本书编委会

主编

沈红建

副主编

刘　娟　　陶功美

编委

（以姓氏拼音为序）

卞玲莉	陈　慧	崔　艺	顾卫华
管　琦	韩　晨	韩家清	韩迎峰
嵇　慧	姜卯生	蒋　波	黎鹏程
李　庚	李　鹏	刘仁燕	刘志刚
钱　鹏	汪小庆	王　超	吴箫剑
袁　森	张　石	张　秀	张东明
赵春雷	赵华君	赵如飞	

前　言

如果能获得一项超能力，你会选择什么呢？是隐身、变身，还是读心、预测未来？上述几项超能力可能要在遥远的未来才能实现，而本书即将赋予你一种现在就能拥有的超能力——"具现化"。

具现化，又名"想象具现术"，是一种神奇的能力，具体表现为将大脑中想象的虚拟物体变成真实物品。还是没明白？那你一定听说过"神笔马良"的故事吧？在这个神话故事中，马良用神笔把他想象的东西凭空绘画出来后，这些画出来的东西都变成真的了。当你拥有了具现化这种超能力，你只需要发挥你的想象，就能创造出任何你想要的东西。

在过去，具现化这种超能力只能出现在科幻电影和动画片当中，而现在具现化已经走出银幕进入我们的生活，只不过它换了个名字，我们称呼它为"3D打印技术"。简单点讲，3D打印技术，也就是真实世界中的"具现化"超能力，是将虚拟的物体变为现实中物品的技术。

目前，3D打印技术在各个行业及领域中得到了广泛应用，小到戒指，大到房子。我们日常生活中所看见的大部分的东西，都能够通过3D打印技术制造。在不久的将来，3D打印技术将会更加深入我们的日常生活之中。因此，早一步了解3D打印技术，一起见证这一项技术的蓬勃发展，对我们自身的成长也将起到重大影响。

放眼全球，世界各国也越来越重视3D打印技术，并将其引入教育领域，使得教育事业迎来了新的发展契机，极大地丰富了素质教育的内容。因为这一新兴技术的应用，不仅会让我们体验到更为立体的认知学习方式，增加学习的乐趣，还能够让我们在参与整个3D打印过程中，强化自身的动手实践能力，提高主动学习的积极性。

3D打印技术的学习注重的是实践，在书本上学习到3D打印知识之后，还需多次接触到3D打印技术在工业领域中的更多应用，了解3D打印技术给工业生产和日常生活带来的改变，增长我们的见识，拓宽我们的视野。

这种互动式的学习是非常有必要的，未来的成长离不开科技的进步，同样，科技的进步也需要大家不断地提供支持。只有去了解和学习这种先进技术，丰

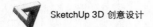

富自己的知识,锻炼自己的能力,成为优秀的人才,才能够推动科技不断发展,提高国家的科技水平。

　　总之,在 3D 打印技术改变我们生活的同时,也让我们一起去推进 3D 打印技术的发展,让世界变得更加美好!

编　者

2019 年 7 月

目　录

第一章　初识3D打印技术

1.1　什么是3D打印

什么是3D打印？3D打印，又称三维打印，也叫增材制造，属于快速成型技术。

它是一种以数字模型文件为基础，运用粉末状金属或塑料等可黏合材料，通过逐层打印的方式来构造物体的技术。换句话说，3D打印设备在模型文件的指示和引导下，将原材料固化为薄薄的一层；待这一层成型后，继续在这一层上部固化另一个薄层；如此往复，最终薄层累积成为三维立体的实体。这种薄层累积的制作方式好比用水果片还原水果形状的过程，下面以柠檬为例说明。

如图1-1所示，当我们把切好的柠檬片重新一片片累积，就能得到和原来形状一样的柠檬。3D打印也是如此，每次固化的一层就像一片水果，多片水果还原成水果的形状，多层薄片累积成完整的物品。

(a) 柠檬片　　　　　　　　　　　(b) 还原后的柠檬

图1-1　柠檬片还原过程

1.2　3D打印的流程

一般来说，3D打印过程是将想象变为现实的过程，因此3D打印的流程大致可分为以下4个部分：

（1）创意设计

在生活中并不缺少创意的来源，我们可以像艺术家一样，通过想象加工我

们所看到的、听到的、感受到的事物，使得这些
事物发生蜕变，最终成为属于自己的创意。

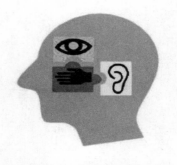

（2）制作模型

当我们有了自己的创意和想法，接下来我们
要将创意和想法制作为三维模型。制作三维模型
的方法很多：第一种方法最简单也最直接，我们
可以从各大模型网站上直接下载。这些网站里面
有各种各样的特色模型可供下载。第二种方法也很简单方便，就是通过三维扫
描仪将已有的物品扫描得到这个物品的三维模型；第三种方法最有挑战，我们
需要自己动手通过建模软件画出三维模型。建模软件有很多种，本书中将介绍
如何使用建模软件 SketchUp 绘制三维模型。

（3）打印模型

当模型制作完成后，要挑选合适的 3D 打印设备将三维模型打印出来。技
术、材料、尺寸、精度、性能等，都是打印过程中需要考虑的因素，由此可组
合出打印方式。待确定打印方式后，可选择合适的 3D 打印设备进行打印。打
印之前，我们需要使用 3D 打印设备自带的切片软件对三维模型进行转码，将
三维模型转化为 3D 打印设备可识别的机器语言，机器语言引导 3D 打印设备
将模型打印出来。

（4）模型后处理

三维模型已经打印出来了，但 3D 打印流程还没结束。通常打印好的物品
要经过后处理才算真正完成，后处理工艺一般包括剥离、去支撑、抛光、拼
接、上色等。

因此，3D 打印是将创意、模型、打印、后处理融于一体的创作过程。

1.3 3D 打印和普通打印的区别

普通打印机和 3D 打印机（见图 1-2）最大的差别就在于耗材不同。平时
我们使用的打印机是将油墨打印在一张纸上，而 3D 打印机则是将耗材打印出
很多层堆叠在一起，打印出来的是一个真实的物体。

3D 打印机和普通打印机的另一个区别在于多了一个维度。普通打印只是
平面打印，是平面的；而 3D 打印可以打印立体的物体，是空间的。因此 3D
打印机的应用范围更广泛，更具有创造性和想象力。

(a) 普通打印机

(b) 3D 打印机

图 1-2 普通打印机和 3D 打印机

1.4 3D 打印的应用

3D 打印机的原理是把复杂的三维制造转化为一系列二维制造的叠加，因而可以在不用模具和工具的条件下生成几乎任意复杂的零部件，这极大地提高了生产效率和制造柔性。

越来越多的工程师和技师利用 3D 打印机验证开发中的新产品，将产品的三维数字模型用 3D 打印机制作成实体模型，以便对设计进行验证，及时发现并解决暴露出来的问题。相比传统的加工验证方法，这种方式可以节约大量的时间和成本。

3D 打印机也可以用于产品的生产，这样就可以快速地把产品的样品提供给客户；或者生产少量产品用于进行市场宣传，不用等模具做好后才制造出成品，对于某些小批量定制的产品甚至连模具的成本都可以省去，例如影视中所用到的各种定制道具。

3D 打印技术在缩短产品开发周期、提高生产效率上表现突出，还能够辅助改善产品质量、优化产品设计，因此它已在航空航天、汽车、医疗、建筑、艺术品、食品等许多领域中得到广泛应用。

1.4.1 3D 打印技术的前沿应用领域

（1）太空领域

NASA（美国国家航空航天局）曾将一台 3D 打印机送上空间站，以便宇航员可以自己完成某些损坏或老化零部件的更换。其中最酷的事情就是，宇航员们只需收到来自地球的邮件，将邮件里面的模型传到 3D 打印机，就可以自动地完成打印。截至目前，宇航员们已经利用 3D 打印机完成了至少 14 次的成功打印，其中还包括打印机完成了自己面板的打印。

2016 年 4 月 12 日，中国科学院太空增材制造技术实验团队开展了首次微重力环境下 3D 打印技术的试验验证（见图 1-3），在每次 22 秒微重力环境下，采用自主研发的设备和工艺成功打印了目标样品，为我国未来把 3D 打印技术搬上太空提供了重要的数据支持和经验。

图 1-3　微重力环境下 3D 打印技术试验

（2）航空航天

航空航天领域所采用的是难加工的材料，且结构复杂、研发周期长和成本高等，这对传统制造是个非常大的难题，而 3D 打印技术可以用全新的方式解决这些难题，克服结构件占有空间大、形状复杂的问题。从这个角度上来说，3D 打印技术在航空航天领域是一项颠覆性技术，如图 1-4 所示。

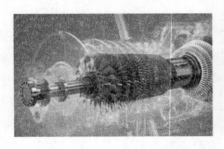

图 1-4　3D 打印技术在航空航天领域的应用

（3）生物医疗

如果你曾经也被凡·高割耳创画吓到，那么现在你不用担心了。期刊 Popular Science 中刊登一篇名为《五个可 3D 打印的器官》的文章，指出耳朵就是其中一个。只需要先扫描，生物工程师创建 CAD 软件模具，然后采用 3D 打印机，3D 打印耳朵就完成了。目前，骨骼也可以用 3D 成功打印。随着科技的发展，肾脏、血管和皮肤也会在不久的将来通过 3D 打印技术成功打印。

3D 生物医疗打印主要是利用细胞、生物激素、生长因子、细胞间质等物质，打印出具有生物功能的人体活组织，例如，皮肤、鼻子、耳朵、软骨、肝脏、肾脏、心脏等组织器官。

中国陕西西京医院的外科医生（西京医院整形外科颅颌面中心主任舒茂国教授、神经外科刘卫平教授主刀，眼科胡丹教授参与了此次手术）为胡某打印了一个 3D 钛网植入物（见图 1-5），用于治疗其从三楼坠落所致的左脑损伤。此次事故严重损害了他的大脑，以致医生们不得不移除一块手机大小的颅骨。医生们希望该移植物能够帮助胡某的头部愈合，使其重获说话与书写能力。

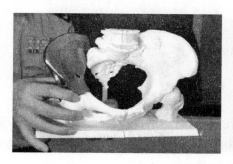
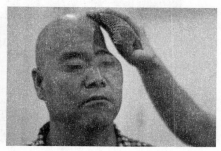

图 1-5 3D 打印在生物医疗领域的应用

每个心脏有着不同的形状，而目前的设备制作成的心脏外膜尺寸不一定符合所有患者心脏的几何形状，但通过特殊定制的 3D 打印技术可以解决这一问题。近来美国研究人员研发出一种新型个性化心脏传感器，为预防心脏病发作提供了新的方法，3D 打印的心脏如图 1-6 所示。

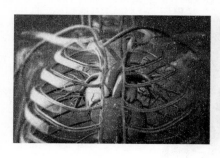

图 1-6 3D 打印心脏

（4）医药行业

3D 打印药物已不是新鲜事，2015 年 8 月 28 日，美国食品药物监督管理局（FDA）批准了第一款采用 3D 打印技术制造的处方药产品——左乙拉西坦片剂。这为以后药物 3D 打印奠定了坚实的基础，通过 3D 打印技术可制作更多易于使用、测试和生产的药物。《华盛顿邮报》一文章中预测，将来医生们不会直接开药给患者，而是提供药物配方，患者可以在家使用 3D 打印机定制药物，如图 1-7 所示。

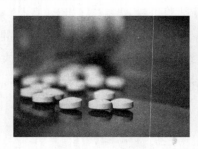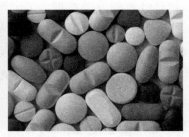

图 1-7　3D 打印药物

1.4.2　3D 打印走进我们的生活

（1）衣

我们可以在电视、手机上看到最新的时装周消息，在秀场上，我们可以越来越多地看到 3D 打印的身影，那些风格迥异、奇形怪状的衣服、鞋子，甚至是配饰都让人眼前一亮。3D 技术打印的服饰不仅仅满足了设计师天马行空的想象，也给观众带来了非凡的视觉体验！

来自阿拉伯的时装设计师 Charbel Feghaly 和印度 3D 打印平台 DF3D 合作，他们通过 3D 打印的无数铰链打造了一件非常漂亮但复杂的服装（见图 1-8）。这件特殊的吊带衫使用 SLS 技术和尼龙材料制造出非常平滑的效果，比预期的更易穿戴，同时还保持着足够的强度。

图 1-8　3D 打印的吊带衫

（2）食

科幻电影里往往能够看到这样的场景：仅需轻按下按钮，自己想要的食物就会被自动制作出来。不过，3D 打印技术出现以后，这也算不上什么难事了。芬兰国家技术研究中心（Technical Research Centre of Finland，VTT）正致力于研发如何将 3D 打印技术应用到饮食或零食贩卖机中，使消费者能够得到定制化的产品。3D 食物打印机采用了一种全新的电子蓝图系统，不仅能够打印食物，而且能帮助人们设计出不同样式的食物。该打印机所使用的原料均为可食用性的，比如巧克力汁、面糊、奶酪等。一旦人们在电脑上画好食物的样式图并配好原料，电子蓝图系统便会显示出打印机的操作步骤，随后即可完成食物的打印，如图 1-9 所示。

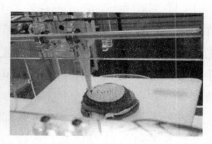

图 1-9　3D 打印食物

3D 食品打印机能把白糖直接加工成造型优美的糖果，并可以打印出薄荷、酸樱桃、香草等不同口味的糖果。

（3）住

3D 打印产品的尺寸是由 3D 打印机模型尺寸决定的。阿联酋国家创新委员会曾计划建造全球首栋 3D 打印办公楼，室内所有的家具全部都是采用 3D 打印完成的。据悉，通过使用 20 英尺（6.096 米）高的打印机可完成 2 000 平方英尺（约 185.8 平方米）大楼的建造，同时还可以降低 50% ~ 80% 的人力成本，减少 30% ~ 60% 的建筑垃圾。

2014 年，10 幢 3D 打印建筑在上海张江高新青浦园区内交付使用，作为当地拆迁工程的办公房使用，这是我国最早 3D 打印房屋。这些建筑的墙体是用建筑垃圾制成的特殊"油墨"，依据电脑设计的图纸和方案，经一台大型的 3D 打印机层层叠加喷绘而成，据介绍，10 幢小屋的建筑过程仅花费 24 小时。近年来随着 3D 打印技术的发展，在杭州、西安等民营科技企业也推出了 3D 打印房屋，如图 1-10 所示。

图 1-10 3D 打印建筑

（4）行

早在 2013 年 9 月，美国《大众机械》曾经发表过一篇文章，一辆基本上 100% 由 3D 打印完成的汽车的油耗为 35.4 千米/升。这辆混合动力车辆由 20 个部件组成，车身为白色 ABS。另外，美国亚利桑那州的 Local Motors 汽车公司，计划通过 3D 打印制造碳纤维/ABS 复合材料汽车，如果能实现的话，将改变整个汽车行业的发展。事实上，Local Motors 即将完成 3D 打印汽车的量产和销售。

这辆汽车名为 Strati，是美国亚利桑那州 Local Motors 公司通过 3D 打印技术在为期 6 天的 2014 年国际制造技术展览会上制造的（见图 1-11），打印零部件和组装共花费 44 小时。它只有 40 个零部件，而传统汽车零部件超过 2 万个。Strati 的最高时速可达 56 km，电池可支持其行驶 193～243 km。底盘和车身的部件都使用巨型打印机打造，但轮胎、座椅、方向盘、电池、电线、悬架、电动马达及屏蔽窗等，都是用常规方式制造的。

图 1-11 3D 打印汽车

（5）用

3D 打印也早已融入日常生活中，各具特色的文具用品、精美的首饰制品、绚烂的灯饰等创意制作都离不开 3D 打印。3D 打印为这些创意的实现提供了坚实的技术支持，可以利用 3D 技术完成从设计到制作的全过程，让创意变成现实。3D 打印的灯饰如图 1-12 所示。

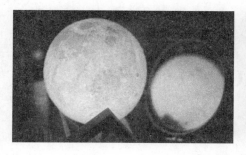

图 1-12 3D 打印的灯饰

1.4.3 3D 打印创意小应用

3D 打印作为一种极具创新性的制造方式，可以完成很多传统工艺难以完成的工作，尤其是在一些个性定制的产品上，具有不可替代的功能。我们现在可以利用 3D 打印技术将很多以前只存在于想象中的创意实现出来，设计并制作出生活中很多创意与实用兼具的小产品，如图 1-13 所示。

图 1-13 3D 打印创意产品

第二章 SketchUp 3D 建模软件

2.1 SketchUp 的诞生和发展

SketchUp 是一款极受欢迎并且易于使用的 3D 设计软件，其中文名为"草图大师"。官方网站将它比喻为电子设计中的"铅笔"，其最大特点是简便快捷，方便快速上手。在 SketchUp 中创建三维模型就像使用铅笔在图纸上作图一般，不仅能够充分表达设计者的思想，而且完全可以满足设计者与需求者即时交流的需求，使得设计者可以直接在电脑上进行十分直观的构思，是三维建筑设计方案创作的优秀工具。

SketchUp 是建筑和 3D 设计创作上的一大革命，它打破了其他绘图软件对设计师的束缚，使建筑设计师可以在构思的同时就将设计方案绘制出来，并创作出三维的建筑模型与方案。Google 于 2006 年 3 月 14 日宣布收购 3D 绘图软件 SketchUp 及其开发公司 Last Software，所以 SketchUp 6.0 以后的版本都改为 Google SketchUp。被 Google 收购后，该软件陆续推出了 6.0、7.0、8.0 三个版本，表现均十分优秀，特别是 7.0 和 8.0，至今还有不少用户在使用。2012 年 4 月，Trimble 公司收购了 SketchUp，又开发了 2013—2018 及后续版本。同时 SketchUp 还可与 AutoCAD、3DS MAX 等多种绘图软件对接，实现协同工作。

2.2 SketchUp 的功能特点

SketchUp 软件是一款简单、高效的绘图软件。它界面简洁、易学易用、建模方法独特、直接面向设计过程、材质和贴图使用方便、剖面功能强大、光影分析直观准确、组与组件便于编辑管理、与其他软件数据高度兼容。SketchUp 的功能特点主要表现在以下几方面：

① 快捷直观、即时显现，可以让设计师短期内掌握。

② 适用范围广，可以应用在建筑、规划、园林、景观、室内及工业设计等领域。

③ 表现样式多种多样，具有方便的推拉功能，设计师通过一个图形就可以方便地生成 3D 几何体，无须进行复杂的三维建模。

④ 不同属性的场景切换，快速生成任何位置的剖面，使设计者清楚地了解建筑的内部结构，可以随意生成二维剖面图并快速导入 AutoCAD 进行处理。

⑤ 与 AutoCAD、3DS MAX 等软件结合使用，快速导入和导出 DWG、DXF、JPG、3DS 格式文件，实现方案构思、效果图与施工图绘制的完美结合，同时提供 AutoCAD 等设计工具的插件。

⑥ 低成本的动画制作，轻松制作方案演示视频动画，全方位表达设计师的创作思路。

2.3 SketchUp 的行业应用

① 软件偏重于设计构思过程的表现，对于后期严谨的工程制图和仿真效果图表现相对较弱；对于要求较高的效果图，需导出图片，利用 Photoshop 等专业图像处理软件进行修补和润色。

② SketchUp 在曲线建模方面显得逊色一些。对特殊形态的物体，特别是曲线物体，需先在 AutoCAD 中绘制好轮廓线或剖面，再导入 SketchUp 中做进一步处理或采用插件处理。

③ 本身的渲染功能较弱，最好结合其他软件（如 Piranesi 和 Artlantis）一起使用。

④ 直接面向设计方案创作过程而不只是面向渲染成品或施工图纸，注重的是前期设计方案的体现。设计师可以十分直观地在电脑上进行构思，形成的模型可直接使用其他具备高级渲染能力的软件进行最终渲染。这样，设计师可以最大限度地减少机械重复劳动，并保证设计成功。

2.4 SketchUp 的欢迎界面

打开 SketchUp 软件，首先出现的是 SketchUp 的欢迎界面，如图 2-1 所示。在欢迎界面中包含了"选择模板"按钮、"开始使用 SketchUp"按钮和"始终在启动时显示"复选框。这些按钮和选项的功能介绍如下：

（1）"选择模板"按钮

单击此按钮后，可以在模板列表下选择一个模板来作为启动软件时的模板文件，在进行 3D 建模设计时可选择"3D 打印 - 毫米"为模板，如图 2-2 所示。本书后续章节涉及的所有图形绘制都以毫米为单位。

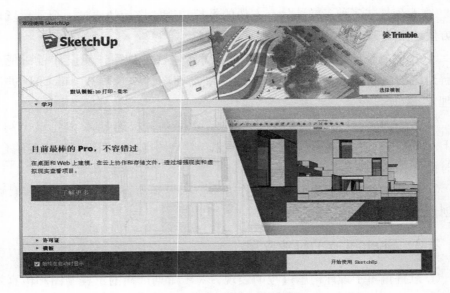

图 2-1　SketchUp 欢迎界面

图 2-2　SketchUp 欢迎界面"模板"中选择"3D 打印 – 毫米"

（2）开始使用"SketchUp"按钮

启动 SketchUp 软件，进入软件工作界面。

（3）"始终在启动时显示"复选框

勾选此复选框后，每次启动软件时都会弹出向导界面。反之，取消勾选此复选框后，每次启动软件时会跳过向导界面。

若要将取消后的"向导界面"恢复显示，则进入 SketchUp 的工作界面后，通过"帮助"菜单下的"欢迎使用 SketchUp"命令打开向导界面，如图 2-3 所示。

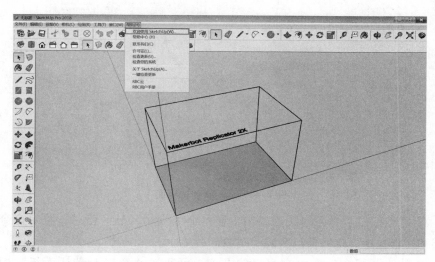

图 2-3　在"帮助"菜单中选择"欢迎使用 SketchUp"

2.5　SketchUp 的工作界面

SketchUp 初始工作界面主要由标题栏、菜单栏、工具栏、绘图区、状态栏、数值框和默认面板构成，如图 2-4 所示。

① 标题栏位于界面的最顶部，最左端是 SketchUp 的标志，往右依次是当前编辑的文件名称（若文件还没有保存命名，则显示为"无标题"）、软件版本和窗口控制按钮。

② 菜单栏位于标题栏下面，包含"文件""编辑""视图""相机""绘图""工具""窗口""帮助"8 个主菜单。

③ 工具栏包含了常用的工具，用户可以通过"视图丨工具栏"菜单命令，在"工具栏"对话框中来"显示/隐藏"相应工具栏或控制工具按钮的大小等。

④ 绘图区又叫绘图窗口，占据了界面中最大的区域，在这里可以创建和编辑模型，也可以对视图进行调整。在绘图窗口中还可以看到绘图坐标轴，分别用红、绿、蓝三色显示。

⑤ 绘图区的右下方是数值控制框，这里会显示绘图过程中的尺寸信息，也可以接受键盘输入的数值。数值控制框支持所有的绘制工具。

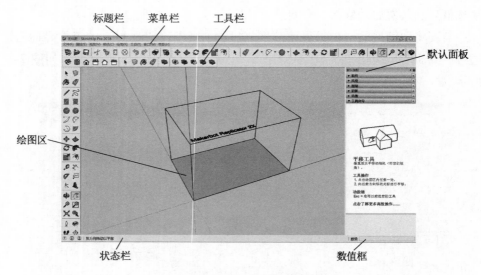

图 2-4　SketchUp 主界面

⑥ 状态栏位于界面的底部，用于显示命令提示和状态信息，是对命令的描述和操作提示，这些信息会随着对象而改变。

⑦ 默认面板窗口在整个窗口的右侧，可通过"窗口｜默认面板"中的"显示/隐藏"菜单命令来显示或隐藏相应的窗口。

2.5.1　认识 Makerbot Replicator 2X 模型

当 SketchUp 模板选择"3D 打印 – 毫米"时，在软件的主界面中默认自带模型"Makerbot Replicator 2X"，在使用时根据实际需要确定是否使用；不用时可以选中该模型，然后单击鼠标右键对其进行删除或隐藏，如图 2-5 所示。

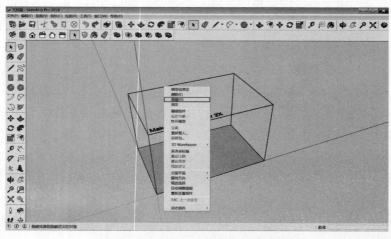

图 2-5　Makerbot Replicator 2X 模型

2.5.2　认识坐标轴

运行 SketchUp 后，在绘图区显示坐标轴，它由红、绿、蓝轴组成，分别代表了几何中的 X（红）、Y（绿）、Z（蓝）轴。三个轴互相垂直相交，交点即为坐标原点（0，0，0）。这三个轴构成了 SketchUp 的三维空间，如图 2-6 所示。

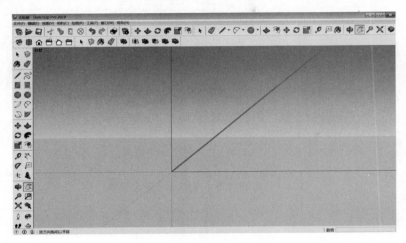

图 2-6　SketchUp 坐标轴

2.5.3　显示/隐藏坐标轴

为了方便观察视图的效果，有时需要将坐标轴隐藏起来。执行"视图丨坐标轴"菜单命令，即可控制坐标轴的显示与隐藏，如图 2-7 所示。右击坐标轴，并通过执行右键快捷菜单命令，可对坐标轴进行放置、移动、重设、对齐视图、隐藏等操作，如图 2-8 所示。

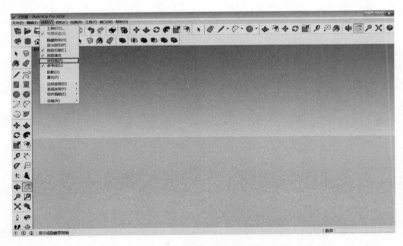

图 2-7　使用视图丨坐标轴菜单命令隐藏坐标轴

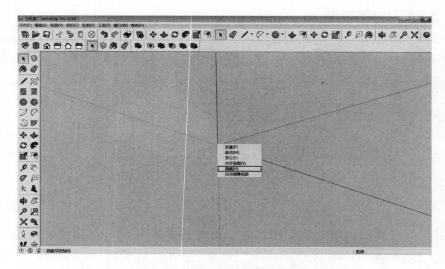

图 2-8　右键快捷菜单命令隐藏坐标轴

第三章　图形的绘制与编辑

3.1　SketchUp 的常用工具

打开 SketchUp 后，首先要做的就是设置常用工具。执行"视图｜工具栏"菜单命令，勾选"编辑""标准""大工具集""风格""实体工具""视图""主要"等常用工具（见图 3-1）。熟悉这些常用工具的功能，可提高创作的效率。

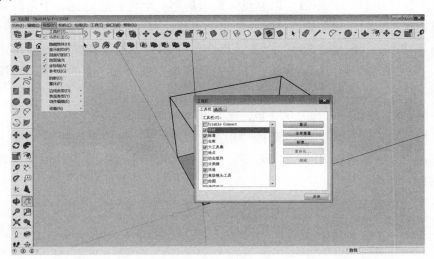

图 3-1　SketchUp 常用工具设置

3.1.1　直线工具

选择"直线"工具 ✏️，先确定起点；点击鼠标左键后，拉出一条直线；在右下角的长度框里，输入所需的直线长度，按下【Enter】键确定。

例 3-1　绘制一条长为 50 mm 的直线。

切换至"俯视图" 📖，选择"直线"工具 ✏️；以原点为起点，在右下角数值框中输入"50"，按下【Enter】键确定。绘制的直线如图 3-2 所示。

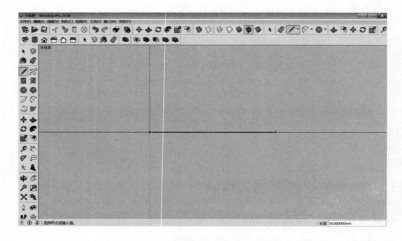

图 3-2　长 50 mm 的直线

3.1.2　矩形工具

选择"矩形"工具 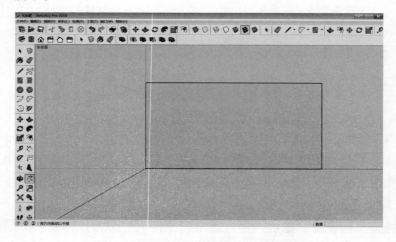（此处为工具图标），以原点为矩形的第一个角；然后在右下角的尺寸框里输入矩形的长和宽的值，输入格式为"长，宽"（输入尺寸时要切换到英文输入状态）；输入完成后，点击【Enter】键确定（长、宽相同时即为正方形）。也可在确定起点后，直接在下方的数值框内输入长、宽的数值，再按下【Enter】键确定。

例 3-2　绘制一个长为 60 mm、宽为 30 mm 的长方形。

切换至"俯视图" ，选择"矩形"工具 ；以原点为矩形的第一个角，在下方的数值框内输入"60，30"，按下【Enter】键确定。绘制的长方形如图 3-3 所示。

图 3-3　长 60 mm、宽 30 mm 的长方形

3.1.3 圆工具

选择"圆"工具 ⊙ （该工具是以圆心为起点，通过半径大小来确定圆），确定好圆心后，点击鼠标，拉出一个圆；在右下角的数值框内输入所需的圆的半径，按下【Enter】键确定。

例3-3 绘制一个半径为 50 mm 的圆。

切换至"俯视图" ▦ ，选择"圆"工具 ⊙ ；以原点为起点，在下方的数值框内输入"50"，按下【Enter】键确定。绘制的圆如图3-4 所示。

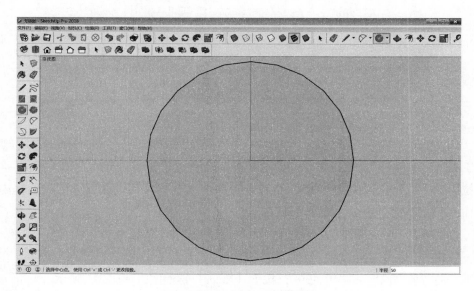

图3-4 半径为 50 mm 的圆

3.1.4 多边形工具

选择"多边形"工具 ⬡ ，在下方的边数数值框内输入所需的多边形边数，按下【Enter】键确定；然后确定多边形中点，点击鼠标左键，在下方的半径数值框内输入多边形的半径，按下【Enter】键确定（注意：多边形工具在没有确定边数时，绘制出来的多边形默认为六边形）。

例3-4 绘制一个内切圆半径为 25 mm 的五边形。

切换至"俯视图" ▦ ，选择"多边形" ⬡ 工具，在下方的边数数值框内输入所需的多边形边数"5"，按下【Enter】键确定；以原点为起点，按下鼠标左键，在下方的数值框内输入多边形的内切圆半径"25"，按下【Enter】键确定。绘制的五边形如图3-5 所示。

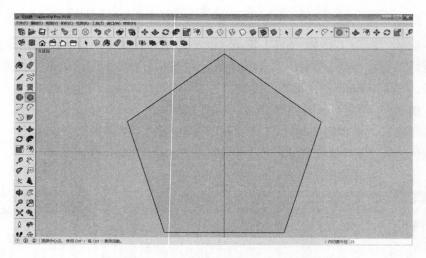

图 3-5　内切圆半径为 25 mm 的五边形

3.1.5　推/拉工具

选择"矩形"工具 ▨，画出一个具体尺寸的矩形；然后选择"推/拉"工具 ◆，将鼠标放置在需要推拉的矩形面上；点击鼠标左键（选中的需要推拉的面上有蓝色的小点出现），再移动鼠标至向上推拉面，在下方的数值框内输入所需厚度，按下【Enter】键确定。

例 3-5　画一个长 50 mm、宽 30 mm、高 10 mm 的长方体。

第一步：切换至"俯视图" ▦，选择"矩形"工具 ▨；以原点为起点，在下方的数值框内输入"50，30"，按下【Enter】键确定，如图 3-6 所示。

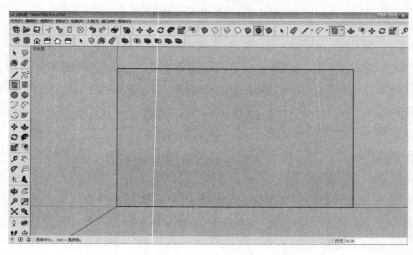

图 3-6　绘制长方形

第二步：切换至"等轴视图" 📦，然后选择"推/拉"工具 ◆；将鼠标放置在需要推拉的矩形面上，点击鼠标左键（选中的需要推拉的面上有蓝色的小点出现）；再移动鼠标向上推拉面，在下方数值框内输入所需厚度"10"，按下【Enter】键确定。拉伸的长方体如图 3-7 所示。

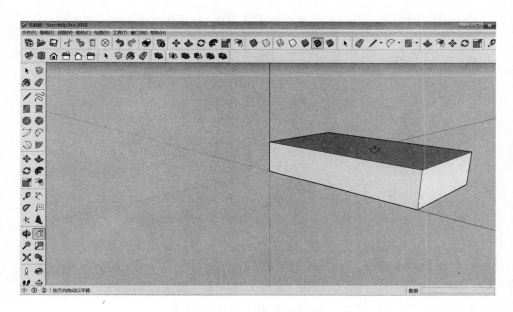

图 3-7 拉伸为长方体

3.1.6 偏移工具

选择"偏移"工具 🖤，选中需要偏移的线（面），选中后会有提示在边线上，选中的面上也会出现蓝色小点；然后点击鼠标，将其向内侧或外侧偏移；在右下方的数值框内，可输入需要偏移的尺寸，输入完成后，按下【Enter】键确定。如不需要尺寸，可根据所需自由偏移尺寸，点击鼠标左键确定（当需要偏移相同的距离时；在偏移好第一个距离后，双击选中的线（面），就可以偏移出相同的距离）。

例 3-6 绘制一个半径为 50 mm 的圆，并依次向外绘制出间距为 5 mm 的 2 个同心圆。

第一步：切换至"俯视图" 📘，画一个半径为 50 mm 的圆。选择"圆"工具 ⭕，以原点为起点，在下方的数值框内输入"50"，按下【Enter】键确定，如图 3-8 所示。

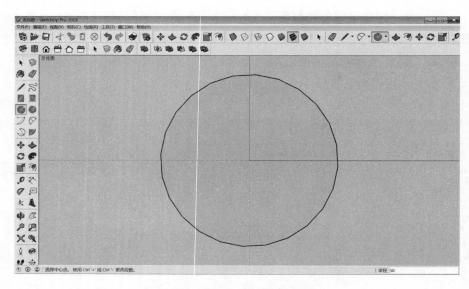

图 3-8　绘制半径为 50 mm 的圆

第二步：选择"偏移"工具，选中需要偏移圆的边线（选中后会有提示在边线上，选中的面上也会出现蓝色小点）；然后单击鼠标，将其向外侧偏移，在右下方的数值框内输入需要偏移的尺寸"5"；输入完成后，按下【Enter】键确定，偏移出同心圆，如图 3-9 所示。再次偏移相同尺寸时只要双击选中的线，就可以偏移出相同的距离，如图 3-10 所示。

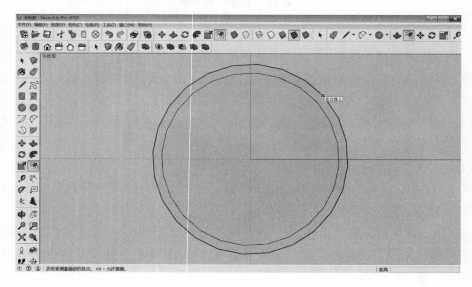

图 3-9　偏移出同心圆

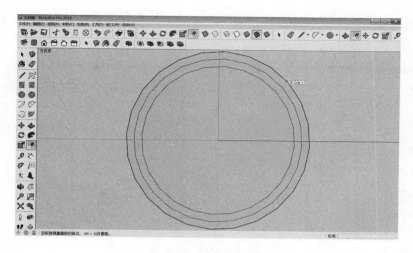

图 3-10 再次偏移出同心圆

3.1.7 缩放工具

绘制如图 3-7 所示的 50 mm ×30 mm ×10 mm 的长方体，并把长方体创建为组件。选择"缩放"工具 ，对其大小进行调节，可根据不同的点对其长、宽、高的大小进行改变。如需以中心点为原点进行整体等比例缩放时，需要选择对角线的点的同时，按住【Ctrl】键，移动鼠标进行缩放；需要具体缩放比例时，可以在下方的比例数值框内输入比例，按下【Enter】键确定。

例 3-7 长方体以中心点为基点进行缩放，缩放比例为 1.5。

第一步：选择"矩形"工具 ，绘制长 50 mm、宽 30 mm 的矩形，并使用"推拉"工具 ，拉伸高度为 10 mm，如图 3-11 所示。

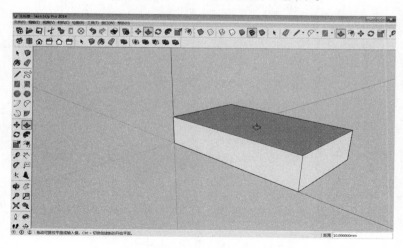

图 3-11 绘制长方体

第二步：选择绘制出的长方体。右键单击"创建组件"按钮，如图 3-12 所示。

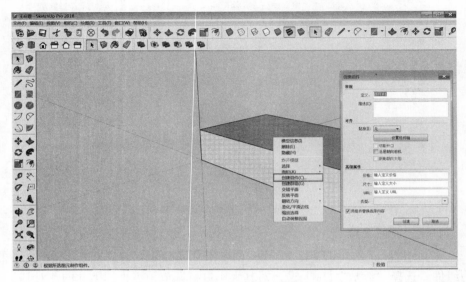

图 3-12　创建组件

第三步：选择"缩放"工具 ，选择矩形对角线点的同时，按下【Ctrl】键并点击鼠标左键；在下方的比例数值框内输入比例"1.5"，按下【Enter】键确定，如图 3-13 和图 3-14 所示。

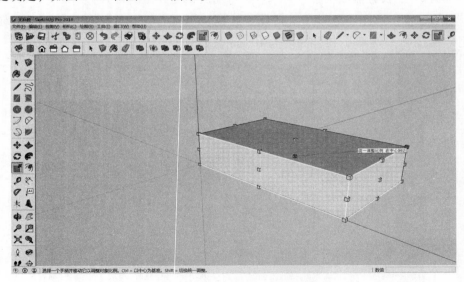

图 3-13　统一调整比例，在中心附近

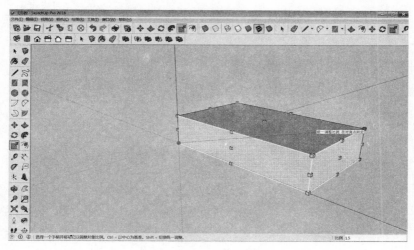

图 3-14 统一调整比例，在对角点附近

3.1.8 移动工具

（1）"移动"工具

首先将需要移动的物体创建组件，确保其是一个完整的物体；然后选择
"移动"工具，根据需要移动的位置，在主视图（前视图、左视图、右视图
等）上，点击物体，移动到确定位置后，松开鼠标左键。

例 3-8 选择"移动"工具，将图 3-14 所示长方体沿"Y 轴绿色线"
方向移动 50 mm（见图 3-15），沿"Z 轴蓝色线"方向移动 50 mm（见图
3-16）。

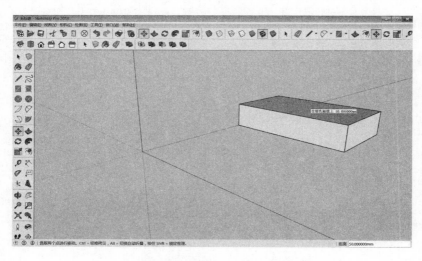

图 3-15 沿"Y 轴绿色线"方向移动距离 50 mm

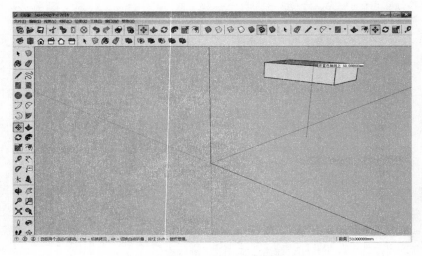

图 3-16   沿"Z 轴蓝色线"方向移动 50 mm

（2）拉伸

移动工具可对任意实体的面和面上的线进行任意拉伸（注意：本处实体是指平面图形进行过推拉后的立体图形）。若推拉平面的图形，则将推拉的图形分成三角面。

例 3-9   绘制一个正方形，边长为 50 mm。用直线画出正方形的对角线，并在对角线交点处向上拉伸形成正四棱锥。

第一步：切换至"俯视图"，选择"矩形"工具 绘制边长为 50 mm 的正方形；再用"直线"工具 连接 4 个角，形成对角线，如图 3-17 所示。

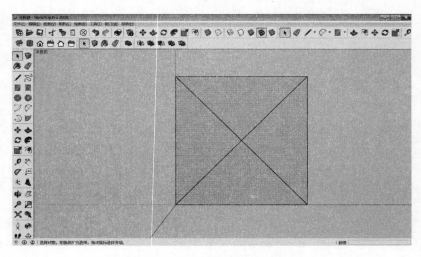

图 3-17   绘制边长 50 mm 的正方形

第二步：切换至"轴等视图" ，选择"移动"工具 ✛，从正方形对角线交点处，沿蓝色轴线向上拉伸"50 mm"（按下【↑】方向键，使其限制在直线上），形成一个正四棱锥，如图3-18所示。

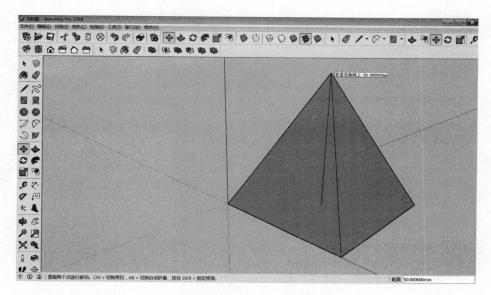

图3-18　沿对角线交点处向上拉伸"50 mm"

（3）复制/排列

先将需要复制的物体创建组件，再选择"移动"工具；点击物体，在移动的同时，按下【Ctrl】键，到新的位置即可实现复制。同样，需要等距离复制一定数量的物体时，需要按住【Ctrl】键，移动复制一个物体到最后的点，点击鼠标确定（确定后可松开【Ctrl】键）；这时在下方的长度数值框内输入"/××（××代表具体的数字）"来确定需要等距离复制物体的个数（输入的数字代表了除开始的物体外，还要复制物体的个数）。

例3-10　等距离复制4个图3-18中的锥体。

第一步：选中锥体，将锥体创建组件，如图3-19所示。

第二步：选择"移动"工具 ✛ 点击物体，在向右移动的同时，按住【Ctrl】键，移动复制锥体到最后的位置时，点击鼠标确定（确定后可松开【Ctrl】键）；在下方的长度数值框内输入"/4"（输入的数字代表了除开始的锥体外，还需复制锥体的个数），如图3-20所示。

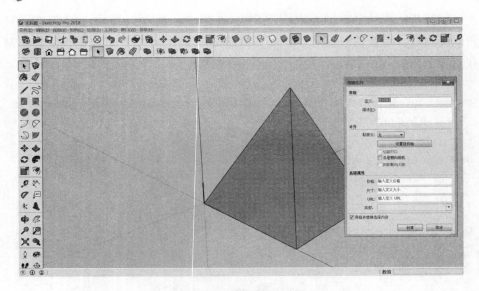

图 3-19　把锥体创建组件

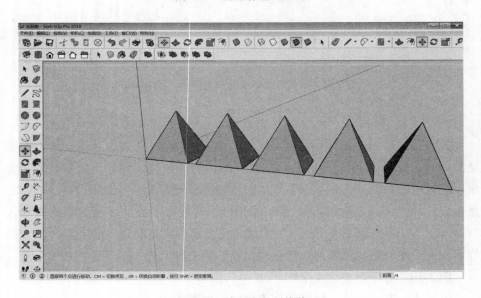

图 3-20　等距离复制锥体

3.2　五角星的设计

五角星是指一种有 5 个尖角，并由 5 条直线画成的星星图形，如图 3-21 所示。五角星有"胜利"的含义，许多国家的国旗设计都包含五角星（例如中华人民共和国国旗，见图 3-22），同时五角星也被很多国家的军队作为军官

（尤其是高级军官）的军衔标志。

图 3-21　五角星

图 3-22　中华人民共和国国旗

　　五角星是边数最少的多角形。最简单的画法是先画一个正五边形，把各角用直线相连并擦去原来的五边形；也可以延长原五边形的各边直到它们相交，从而得到一个大的五角星。

　　使用绘制一个正五边形的方法绘制五角星，需要在画好五边形后，用直线工具将其分成几个等分的三角面。这时选择移动工具，选中中间的交叉点，将其沿着 Z 轴向上移动一定距离；点击鼠标确定形成立体五角星；最后再用直线将底面封住，删除多余的线即可。

　　例 3-11　切换至"俯视图" ，画一个内切圆半径为 25 mm 的五边形。

　　第一步：选择"多边形"工具 ，在下方的边数数值框内输入所需的多边形边数"5"，按下【Enter】键确定；以原点为中心点，按下鼠标左键，在下方的数值框内输入多边形的内切圆半径"25"，按下【Enter】键确定，如图3-23 所示。

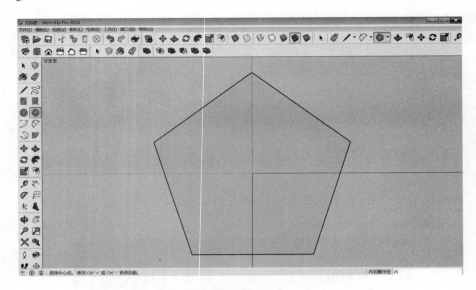

图 3-23　绘制五边形

第二步：连接各角的对角线。选择"直线"工具 ✐，连接五边形的各个角，将其分成几个等分的三角面，如图 3-24 所示。

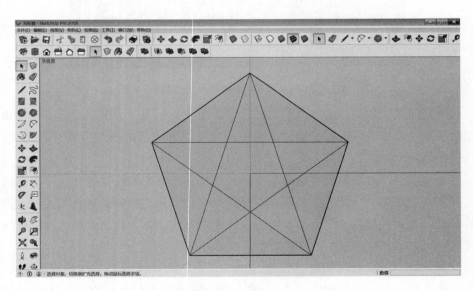

图 3-24　连接对角线

第三步：连接各个角到五边形中心点的线及其他辅助线。选择"直线"工具 ✐，连接五边形的各个角及其他辅助线，如图 3-25 所示。

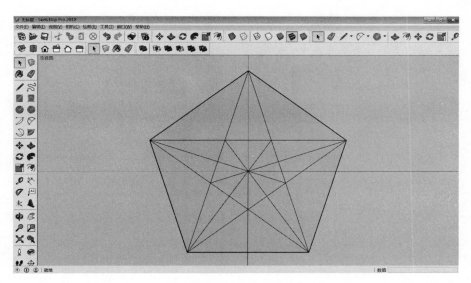

图 3-25 连接其他辅助线

第四步：选择"擦除"工具 ，擦除多余的线条，如图 3-26 所示。

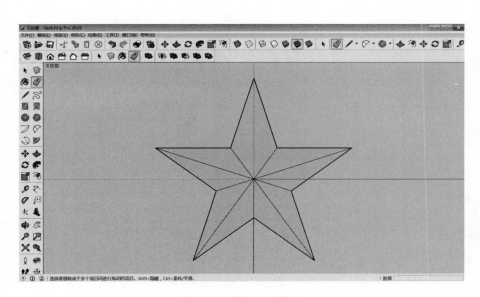

图 3-26 擦除多余线条

第五步：切换至"等轴视图" ，使用"移动"工具 把五角星中心点沿蓝色轴线向上拉伸 5 mm，如图 3-27 所示。

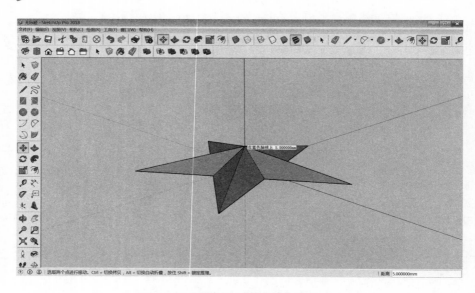

图 3-27　五角星中心点向上拉伸 5 mm

第六步：使用"环绕观察"工具 <!-- icon --> 查看五角星底部情况，底部是镂空的，如图 3-28 所示。

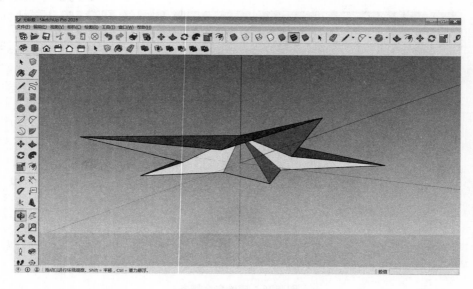

图 3-28　五角星底部

第七步：选择"直线"工具 <!-- icon -->，绘制辅助线，连接五角星底部的任意两边或角，封住底面。然后，再使用"擦除"工具 <!-- icon --> 擦除刚才绘制的辅助线段，如图 3-29 所示。

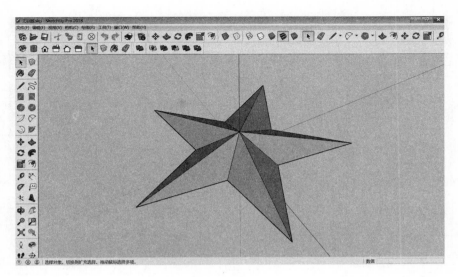

图 3-29 五角星

3.3 文件的保存与备份

3.3.1 skp 格式

在 SketchUp 中创建的模型需要保存，以便后期再修改。执行"文件｜另存为"菜单命令（见图 3-30），弹出对话框后，选择好保存路径，将文件名改为"五角星"后，点击"保存"按钮即可，如图 3-31 所示。

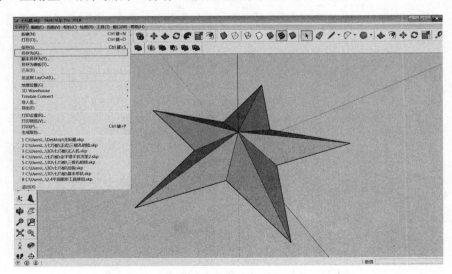

图 3-30 执行"文件｜另存为"菜单命令

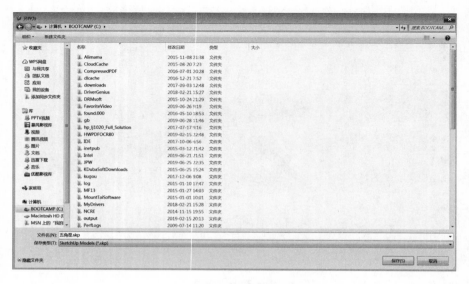

图 3-31　选择保存路径

3.3.2　jpg 格式

在 SketchUp 中建好所需的模型，并上色完成，需要效果图时，需要导出为 jpg 格式。选择好需要的物件，然后执行"文件 | 导出二维图形"菜单（见图 3-32）。弹出对话框后，选择好文件保存路径，改好文件名称为"五角星"，点击"导出"按钮即可，如图 3-33 所示。

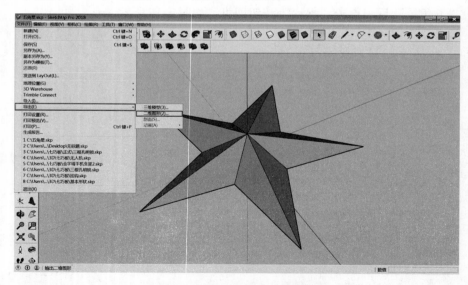

图 3-32　执行"文件 | 导出二维图形"菜单命令

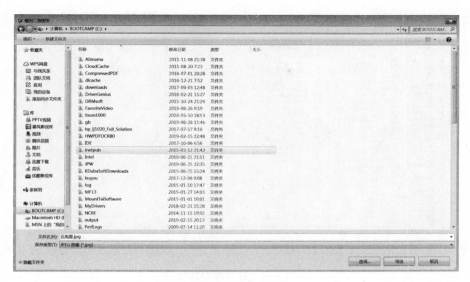

图 3-33 选择保存路径

3.3.3 stl 格式

在 SketchUp 中建好的模型打印时，需要导出为 stl 格式。框选好需要的物件，然后执行"文件丨导出三维模型"菜单命令（见图 3-34）；弹出对话框后，选择好文件保存路径，改好文件名称为"五角星"，点击"导出"按钮即可，如图 3-35 所示。

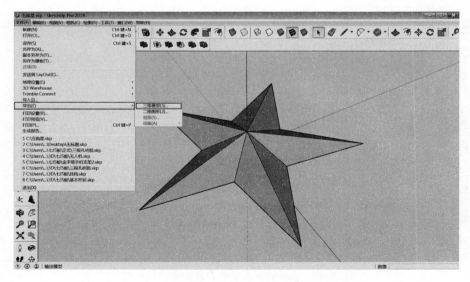

图 3-34 执行"文件丨导出三维模型"菜单命令

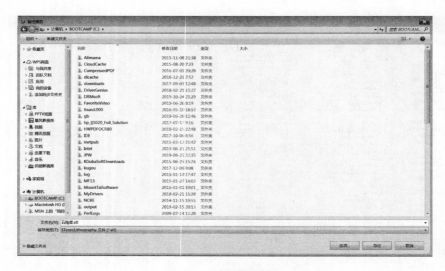

图 3-35　选择保存路径

3.3.4　自动保存与备份

在默认情况下，当 SketchUp 处于活动的工作状态时，每 5 分钟自动保存一次文件。要启用自动保存，执行"窗口 | 系统设置 | 常规"菜单命令，在"正在保存"区域中点击"创建备份"和"自动保存"复选框，使其中出现复选标记，如图 3-36 所示。若更改执行自动保存的时间间隔，则在"每"选框中选择分钟数，关闭并重新启动 SketchUp。

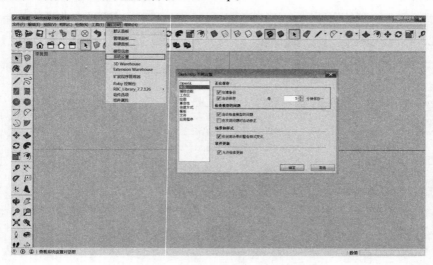

图 3-36　SketchUp 自动保存及创建备份设置

例如，正在处理一个名为"MyTest. skp"的文件，则自动保存功能会创建

一个名为"AutoSave_MyTest.skp"的文件。自动保存的文件与备份文件不同
（因此当处理模型时，会有3个文件：原始的.skp文件、备份文件和自动保存
的文件）。在成功保存原始文件之前，自动保存的文件会一直存在。如果
SketchUp在处理模型时崩溃，则不会删除自动保存的文件。因此，可以将作品
恢复为最近一次自动保存的状态。如果从未保存过该文件，则自动保存的文件
被保存在"我的文档"文件夹中。执行"窗口 ∣ 系统设置 ∣ 文件"菜单命
令，在窗口中可设定各类文件默认保存位置，如图3-37所示。

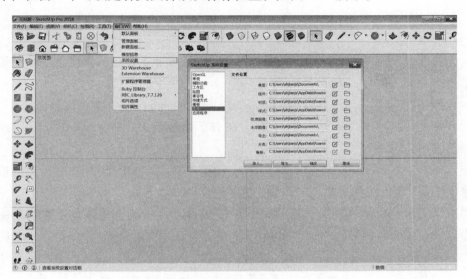

图 3-37　SketchUp 文件默认保存位置

第四章 立体图形的设计与编辑

4.1 创建工作台

为方便创建基本立体图形，首先设计一个正方体工作台。本章的立体图形都将借助此工作台完成。

例 4-1 设计一个尺寸为 50 mm × 50 mm × 50 mm 的正方体工作台。

第一步：选择"矩形"工具▨，在右下角数值框中输入"50，50"，绘制正方形。

第二步：切换至"等轴视图"▨，使用"推/拉"工具♦在右下角数值框中输入"50 mm"，向上推拉成正方体。

第三步：选择"直线"工具✏，在正方体前面绘制上边线和下边线的中心点，在顶面绘制对角线，如图 4-1 所示。

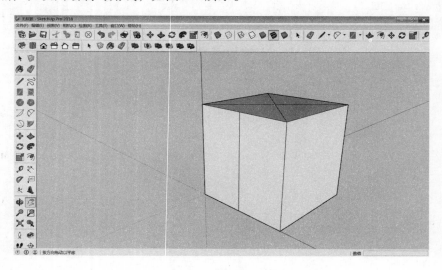

图 4-1 正方体工作台

第四步：选中正方体，单击鼠标右键，弹出"创建组件"对话框，把正方体创建组件，如图 4-2 所示。

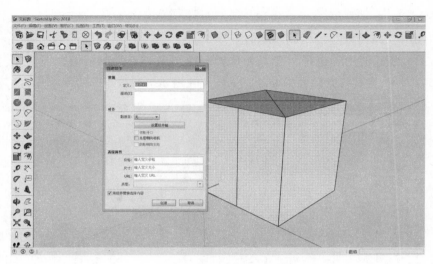

图 4-2 创建组件

第五步：切换至"前视图" 🏠，选择"圆"工具 🖌️，在前视图正方体中心点处绘制半径为 12 mm 的圆。

第六步：切换至"俯视图" 🗔，选择"圆"工具 🖌️，在正方体顶面的中心点处绘制半径为 12 mm 的圆，如图 4-3 所示。

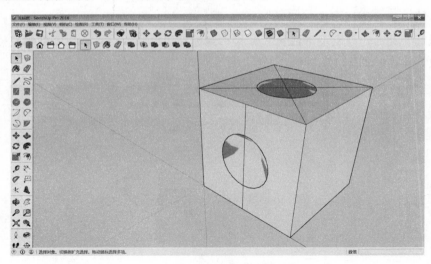

图 4-3 绘制 2 个圆

4.2 绘制圆球

"路径跟随"工具 🖌️ 可以将截面沿已知路径放样，从而创建复杂的几何体。

使用"路径跟随"绘制圆球的步骤如下：

第一步：使用"选择"工具 ▶ 选择前视图中心点绘制的圆，再使用"移动"工具 ✤ 将其移到顶面中心处，如图4-4所示。

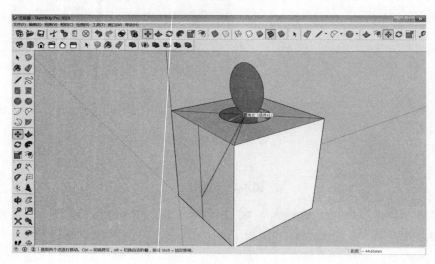

图4-4　圆移到顶面中心

第二步：使用"路径跟随"工具 ✍，单击小圆截面，沿着顶面圆路径移动鼠标，此时边线会变成红色；在移动鼠标到达放样端点时，单击鼠标左键完成放样操作，如图4-5所示。

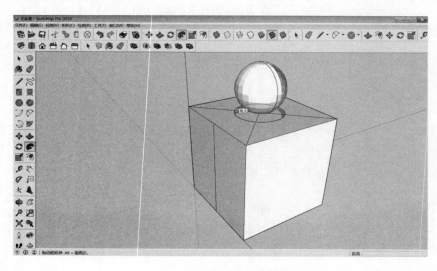

图4-5　沿顶面圆移动鼠标

第三步：沿着顶面圆路径移动鼠标时，务必要形成闭合面最终形成的圆球，如图4-6所示。

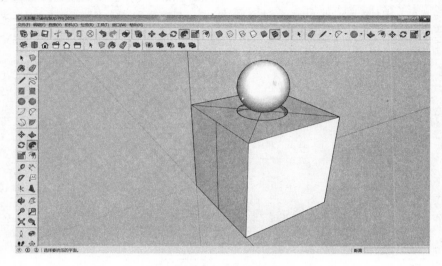

图4-6　闭合面的圆

第四步：移动圆球至右侧，并创建组件，如图4-7所示。

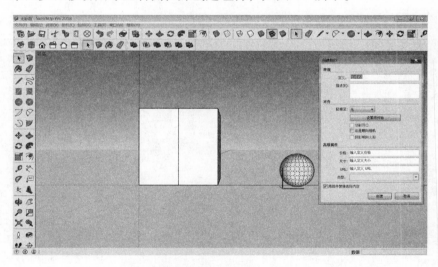

图4-7　移动圆球至右侧，创建组件

4.3　绘制椭圆

绘制椭圆的步骤如下：

第一步：切换至"前视图"⌂，在工作台前面，选择"圆弧"工具⬭

和"直线"工具 ✐ ，绘制封闭的半圆拱形，如图4-8所示。

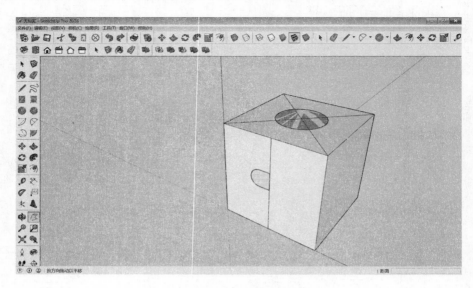

图 4-8　绘制半圆拱形

第二步：使用"移动"工具 ✛ 把半圆拱形沿端点移至顶面中心点处，如图4-9所示。

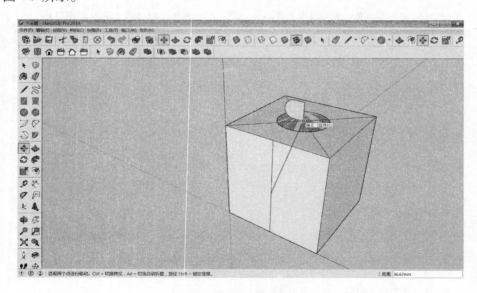

图 4-9　半圆拱形移至顶面中心点处

第三步：使用"选择"工具 ▶ ，选择顶面的圆边线（见图4-10），再使用"路径跟随"工具 ⌬ 单击半圆拱形截面自动放样，完成椭圆的制作，如图4-11

所示。因为绘制的半圆拱形情况不尽相同，有可能会出现顶端或底端不完全闭合的情况，用直线封闭即可。

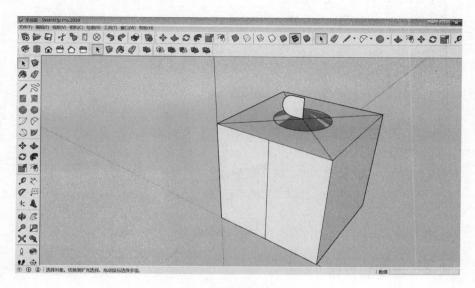

图4-10 选择顶面的圆边线

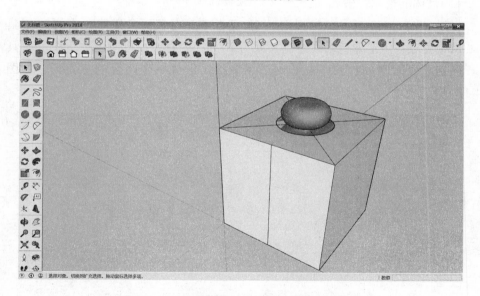

图4-11 "路径跟随"工具单击半圆拱形截面

第四步：选中椭圆，使用"移动"工具 ✤ 将其移至右侧，并创建组件，如图4-12所示。

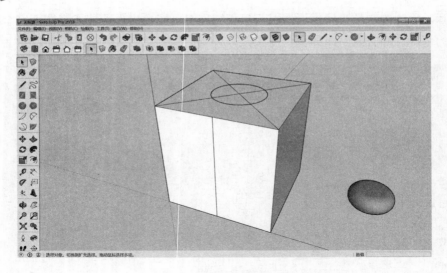

图 4-12 椭圆移至右侧

4.4 绘制圆锥体

圆锥体的绘制步骤如下：

第一步：切换至"等轴视图" 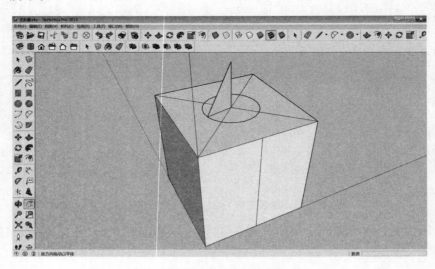 显示工具台顶面，使用"直线"工具 从中心点往上沿蓝色轴线绘制长度为 20 mm 的直线；再使用"直线"工具 分别向顶面圆的边和中心绘制 2 条直线，形成一个闭合的三角形，如图 4-13 所示。

图 4-13 绘制闭合的三角形

第二步：使用"选择"工具 ↖ 点击顶面上圆的边线，如图 4-14 所示。

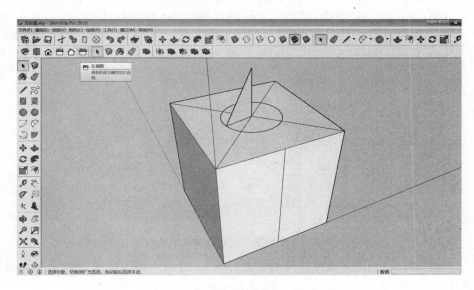

图 4-14　点击顶面上圆的边线

第三步：使用"路径跟随"工具 ，点击三角形的截面（见图 4-15）。截面自动放样绘制圆锥体，如图 4-16 所示。

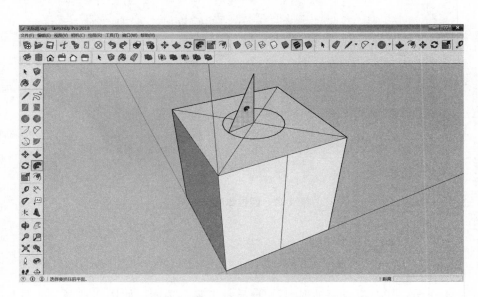

图 4-15　使用"路径跟随"工具点击顶面三角形的截面

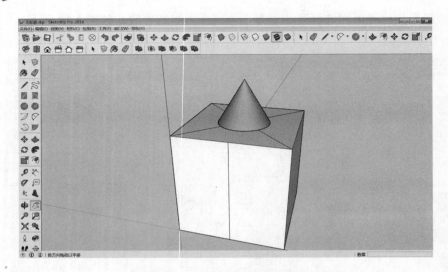

图 4-16   自动放样完成圆锥体的绘制

第四步：选中圆锥体使用"移动"工具✛移至右侧。使用"直线"工具 ✐封闭圆锥底部，并创建组件，如图 4-17 所示。

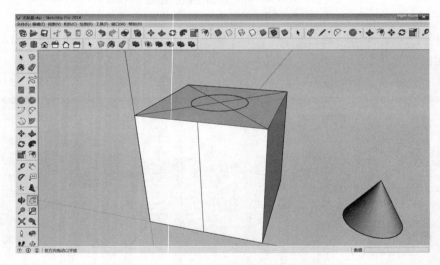

图 4-17   圆锥体移至右侧

4.5   绘制圆柱体

圆柱体的绘制步骤如下：

第一步：切换至"等轴视图" 🏠显示工具台顶面，使用"选择"工具⬉ 点击顶面上圆的截面（如果顶面没有圆，可以顶面中心为圆心，重新绘制半径为 12 mm 的圆），如图 4-18 所示。

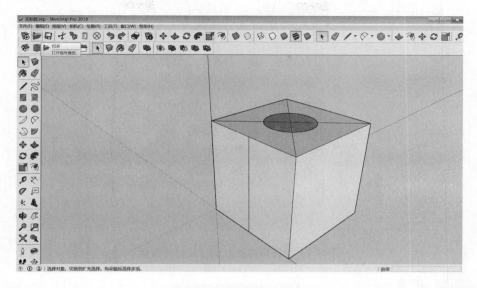

图 4-18　选择顶面圆的截面

第二步：使用"推/拉"工具 把顶面圆截面沿蓝色轴线方向拉至 20 mm，形成圆柱体，如图 4-19 所示。

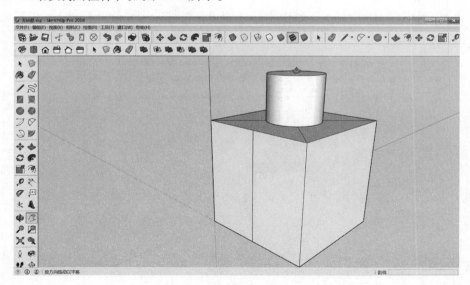

图 4-19　顶面圆拉伸成圆柱体

第三步：选中圆柱体，使用"移动"工具 将其移至右侧，并创建组件，如图 4-20 所示。

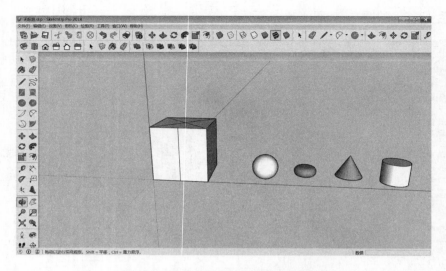

图 4-20　圆柱体移至右侧，并创建组件

 技巧

在上述已完成的视图中，立体图形有正面（白色）和反面（淡蓝色）两种显示。为了不影响后期的图形处理，一般把视图中的反面（淡蓝色）转成正面（白色）显示。选中图形（如果是组件，则要炸开模型），在右键弹出菜单中选择"反转平面"即可，如图 4-21 所示。

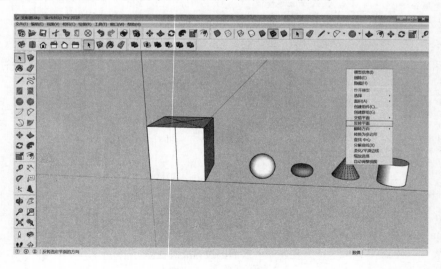

图 4-21　反转平面

4.6　手捻陀螺的设计

陀螺指的是绕一个支点高速转动的刚体，其上半部分为圆形，下部分尖锐。陀螺是中国民间最早的娱乐工具之一，也称作陀罗，闽南语称作"干乐"，北方叫作"冰尜"或"打老牛"。在山西省夏县新石器时代的遗址中，考古人员就发掘出了石制的陀螺。可见，陀螺在我国至少有四五千年的历史。

陀螺从前多用木头制成，现代多为塑料或铁制，玩时可用绳子缠绕，用力抽绳，使其直立旋转，或利用发条的弹力旋转。传统古陀螺大致是木或铁制的倒圆锥形，玩法是用鞭子劈。现代已有用发射器发射的陀螺。当然，还有一些"手捻陀螺"也十分普及。

例4-2　设计一个圆锥体底面半径为 20 mm、锥高为 20 mm、手柄长为 25 mm 的手捻陀螺。

第一步：切换至"俯视图"，选择"圆"工具，以原点为圆心绘制半径为 20 mm 的圆，如图 4-22 所示。

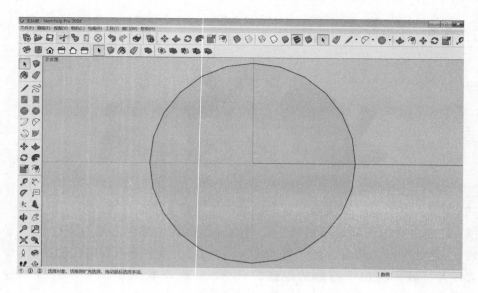

图 4-22　绘制圆

　　第二步：切换至"等轴视图" □，选择"直线"工具 ∕，从圆心沿蓝色轴线向上绘制 20 mm 直线，如图 4-23 所示。

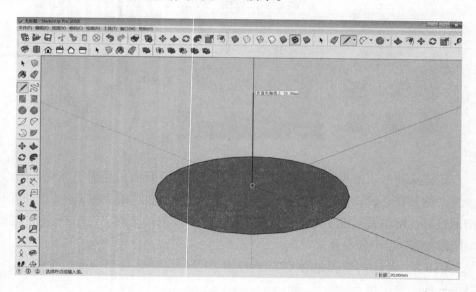

图 4-23　绘制从圆心向上的辅助线

　　第三步：使用"直线"工具 ∕ 分别向圆的边和中心绘制 2 条直线，形成一个闭合的三角形，如图 4-24 所示。

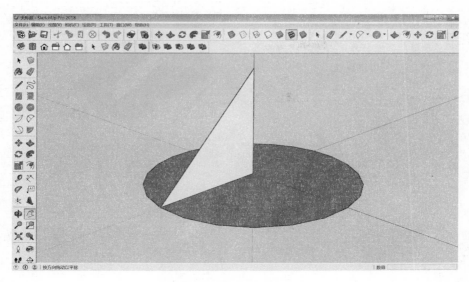

图 4-24 绘制辅助线

第四步：使用"选择"工具 ▶点击圆的截面，如图 4-25 所示。

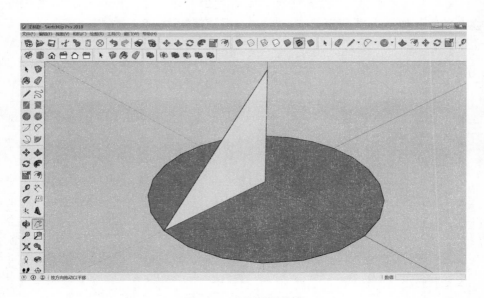

图 4-25 选择圆的截面

第五步：使用"路径跟随"工具 ❻点击三角形的截面，截面自动放样绘制圆锥体，如图 4-26 所示。

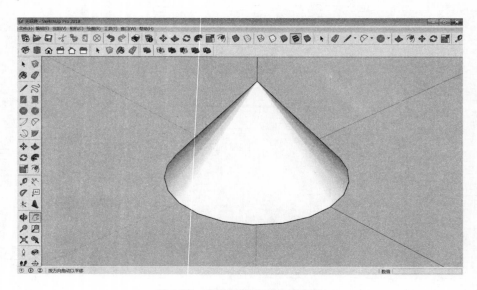

图 4-26　自动放样完成的圆锥体

　　第六步：使用"环绕观察"工具 ✛，观察锥体底部（见图 4-27）；选择"直线"工具 ✎ 画线连接 2 个端点，封住底部，并选择"擦除"工具 ✐ 擦除多余的线，如图 4-28 所示。

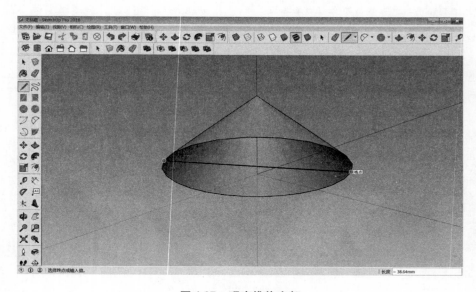

图 4-27　观察锥体底部

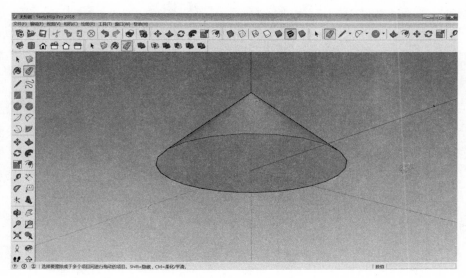

图 4-28 封闭锥体底部

第七步：选择圆锥体，单击鼠标右键创建组件，如图 4-29 所示。

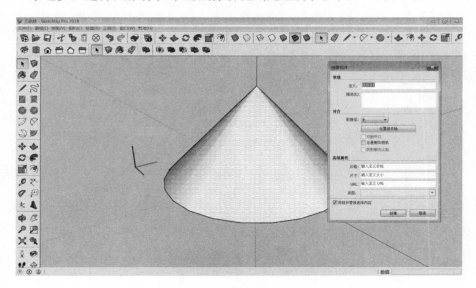

图 4-29 创建组件

第八步：切换至"前视图" 🏠，使用"旋转"工具 🔄（见图 4-30），以圆锥顶点为量角器中心，以红色轴线对齐量角器底部，在右下角角度值框中输入"180"，实现顺时针旋转 180°，如图 4-31 所示。

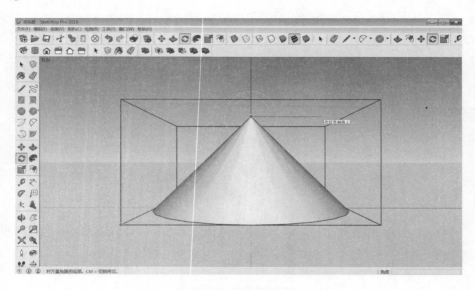

图 4-30　使用旋转工具

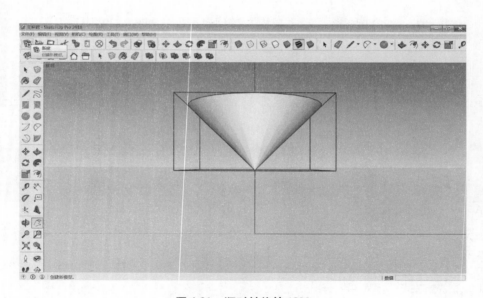

图 4-31　顺时针旋转 180°

第九步：使用"选择"工具 ▶ 选中锥体，使用"移动"工具 ✛ 从锥体顶点沿蓝色轴线向下移动20 mm，如图 4-32 所示。

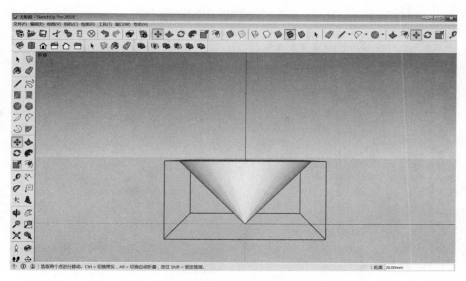

图 4-32　圆锥沿蓝色轴线下移

第十步：切换至"俯视图" ，选择"圆"工具 ◉，在锥体绘制半径为 2 mm 的圆，如图 4-33 所示。

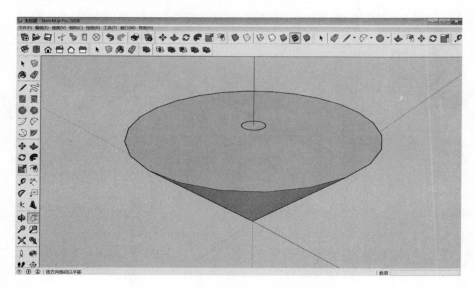

图 4-33　绘制半径为 2 mm 的圆

第十一步：选择小圆的截面，使用"推/拉"工具 ◆，从圆心向上拉伸 27 mm，如图 4-34 所示。

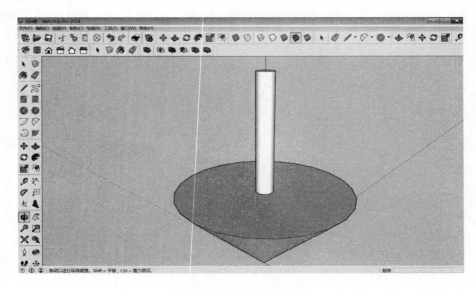

图 4-34　拉伸小圆的截面

第十二步：选中圆柱体，单击鼠标右键创建组件，如图 4-35 所示。

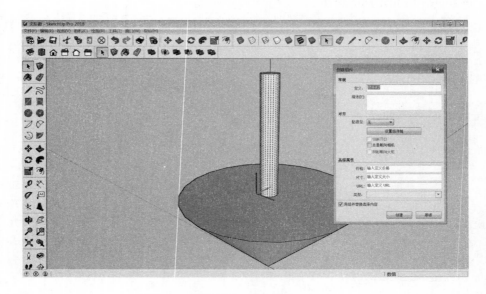

图 4-35　创建组件

第十三步：使用"移动"工具 ✥，把圆柱体手柄沿蓝色轴线向下移动 2 mm，如图 4-36 所示。

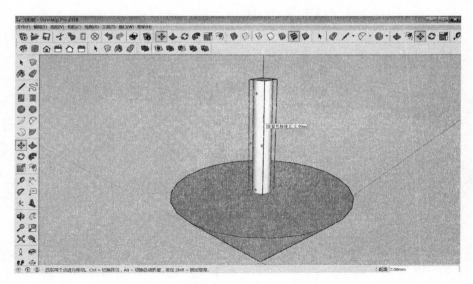

图 4-36　圆柱体手柄向下移动 2 mm

第十四步：选中圆柱体和圆锥体，点击工具栏外壳工具，将所选定实体合并为一个实体，如图 4-37 所示。创建的陀螺如图 4-38 所示。

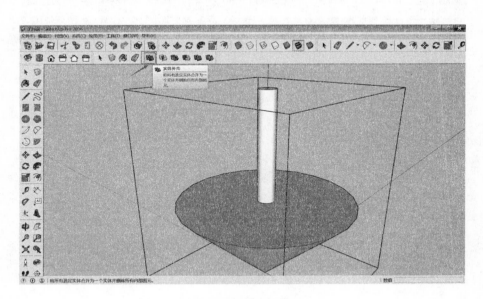

图 4-37　创建组件

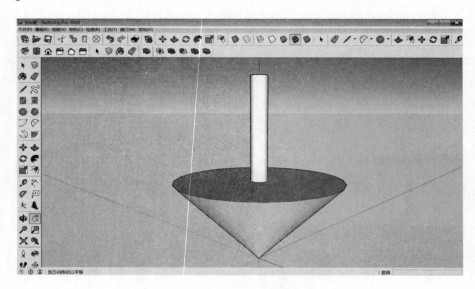

图 4-38　陀螺展示

第十五步：如果有实体的面不在同一面，则需要反转平面（如果已经是组件，则需要炸开模型后再反转平面），如图 4-39 所示。

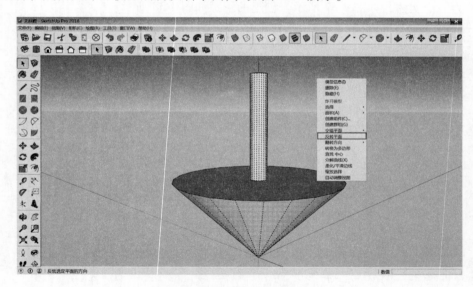

图 4-39　反转平面

第十六步：执行"文件 | 保存"菜单命令，选择"保存路径和文件名"，保存文件。

第五章 奇妙的七巧板

"七巧板"又称"智慧板",是一种古老的中国传统智力玩具,顾名思义,是由 7 块板组成的。而这 7 块板可拼成许多图形(1 600 种以上),例如:三角形、平行四边形、不规则多边形;也可以拼成各种人物、形象、动物、桥、房、塔等;还可以是一些中文、英文字母。

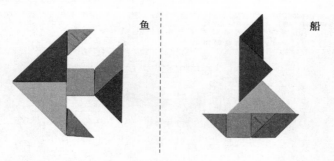

鱼 船

七巧板是中国古代劳动人民的发明,其历史至少可以追溯到公元前 1 世纪,到明代基本定型。明清两代七巧板在中国民间广泛流传,清代陆以湉在《冷庐杂识》卷一中写道:"近又有七巧图,其式五,其数七,其变化之式多至千余。体物肖形,随手变幻,盖游戏之具,足以排闷破寂,故世俗皆喜为之。"今天我们就利用 3D 打印技术来设计一款属于自己的七巧板吧!

5.1 绘制七巧板板块

第一步：绘制边长为 60 mm 的正方形。

选择"矩形"工具▨，以原点为矩形第一个角，在右下角尺寸框中输入"60，60"。点击"充满视图" ▨图标，让正方形充满视图，并通过鼠标滚轮调整视图大小，如图 5-1 所示。

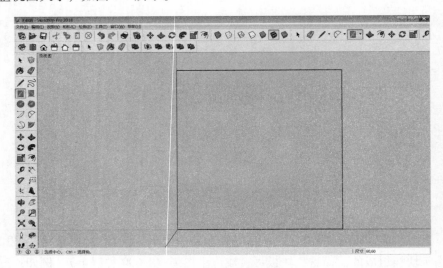

图 5-1 绘制正方形

第二步：选择"直线"工具✎，画出如图 5-2 所示的七巧板各板块。

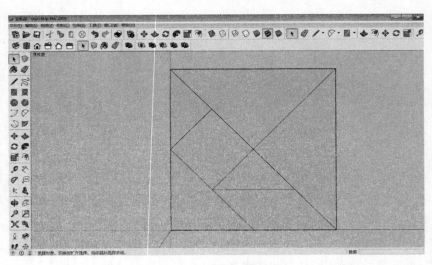

图 5-2 绘制七巧板各板块

5.2　复制/移动七巧板板块

使用"选择"工具▶，选择七巧板各个板块；利用【Ctrl】键＋"移动"工具✛，把各板块复制并移动到另一侧重新组合，各板块之间留适当空隙，如图5-3所示。

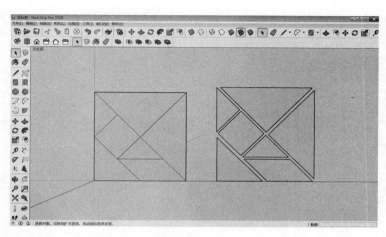

图5-3　复制/移动七巧板

5.3　拉伸七巧板板块

选择"推/拉"工具◆把右侧七巧板各板块的厚度向上拉伸3 mm，并分别创建组件，如图5-4所示。

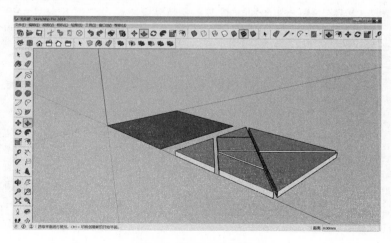

图5-4　拉伸七巧板板块

5.4 绘制七巧板整理盒

切换至"俯视图" 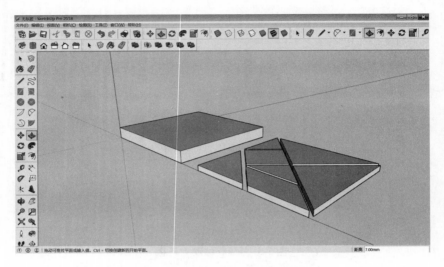，删除原点处的七巧板图形，重新绘制边长为 66 mm 的正方形，并选择"推/拉"工具 把正方形拉高至 7 mm，如图 5-5 所示。

图 5-5 绘制正方体

第六步：选择"偏移"工具 ，把图 5-5 所示正方体边长向内偏移 2 mm，如图 5-6 所示。

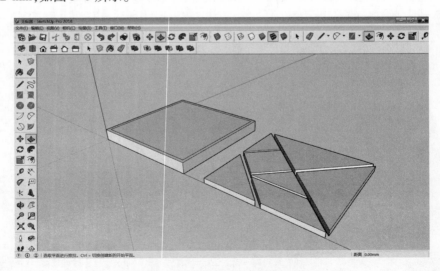

图 5-6 正方体边长向内偏移 2 mm

第七步：选择"推/拉"工具 ，把偏移出的内部正方形向下推 4 mm，形成七巧板整理盒，并把整理盒创建组件，如图 5-7 所示。

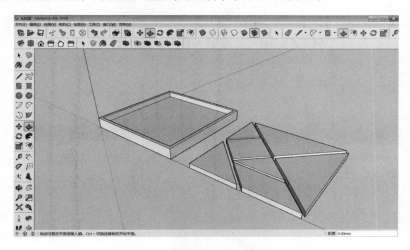

图 5-7　内部正方形向下推 4 mm

5.5　七巧板板块着色

第一步：执行"工具 | 材质"菜单命令，在右侧"材料"面板中选择合适的材料和颜色进行填涂，如图 5-8 所示。

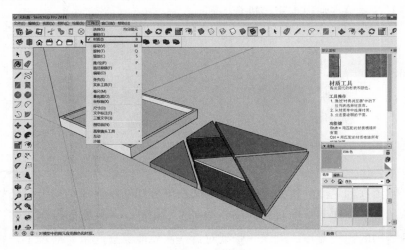

图 5-8　板块着色

第二步：执行"文件 | 保存"菜单命令，选择"保存路径和文件名"，保存文件。

第六章　神奇的孔明锁

　　孔明锁，也叫八卦锁、鲁班锁，相传是三国时期诸葛孔明根据八卦玄学的原理发明的一种玩具，曾广泛流传于民间。它对放松身心，开发大脑、灵活手指均有好处，是老少皆宜的休闲玩具。孔明锁看上去简单，其实内中奥妙无穷，若不得要领，则很难完成拼合。

　　孔明锁这种三维的拼插玩具内部的凹凸部分相互啮合，结构十分巧妙。孔明锁不用钉子和绳子，形状和内部的构造各不相同，一般都是易拆难装，完全靠自身结构的连接支撑，就像一张纸对折一次就能够立起来，展现了一种看似简单实则凝结了不平凡的智慧。

　　孔明锁类益智玩具比较多，拼装时需要仔细观察、认真思考，分析其内部结构。

6.1　第一根结构件

第一步：切换至"俯视图" ，选择"矩形"工具 ，以原点为矩形的第一个角，绘制尺寸为 90 mm×30 mm 的长方形，如图 6-1 所示。

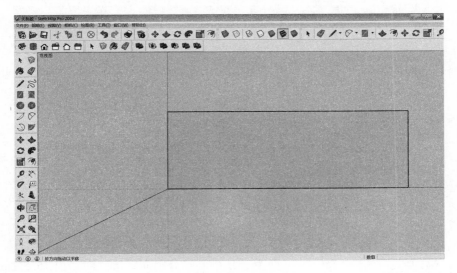

图 6-1　绘制长方形

第二步：切换至"等轴视图" ，选择"推/拉"工具 ，把长方形的厚度向上拉伸至 9 mm，如图 6-2 所示。

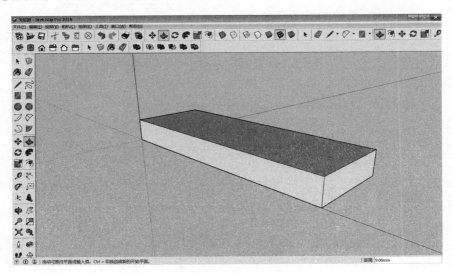

图 6-2　向上拉伸 9 mm

第三步：切换至"俯视图" 🔳，选择"直线"工具 ✏ 绘制长方形长和宽的中点线，如图 6-3 所示。

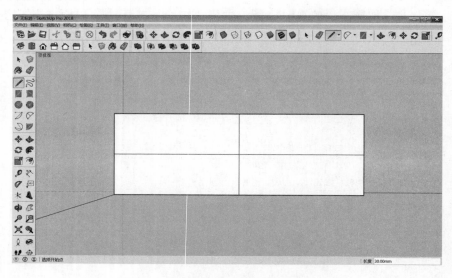

图 6-3　绘制边长的中点线

第四步：选择"卷尺"工具 🔧，从中心点分别向宽边方向量出 15.5 mm、长边方向量出 5 mm，如图 6-4 所示。

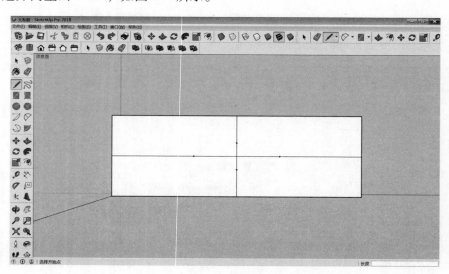

图 6-4　标记辅助点

第五步：选择"直线"工具 ✏ 连接各个端点，绘制成一个长方形，并选择"卷尺"工具 🔧，从内部小长方形宽边向内量出 4 mm 的距离，如图 6-5

所示。

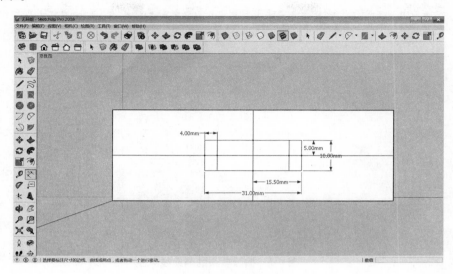

图 6-5 连接辅助点

第六步：选择"圆弧"工具 ，在小长方形的宽边两侧绘制弧高为 4 mm 的圆弧，如图 6-6 所示。

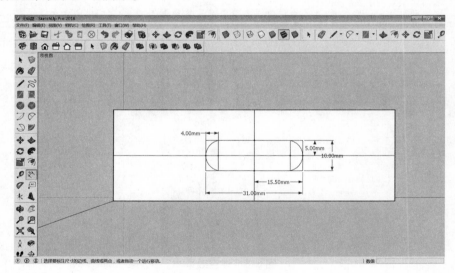

图 6-6 绘制圆弧

第七步：选择"擦除"工具 擦除多余的辅助线，如图 6-7 所示。

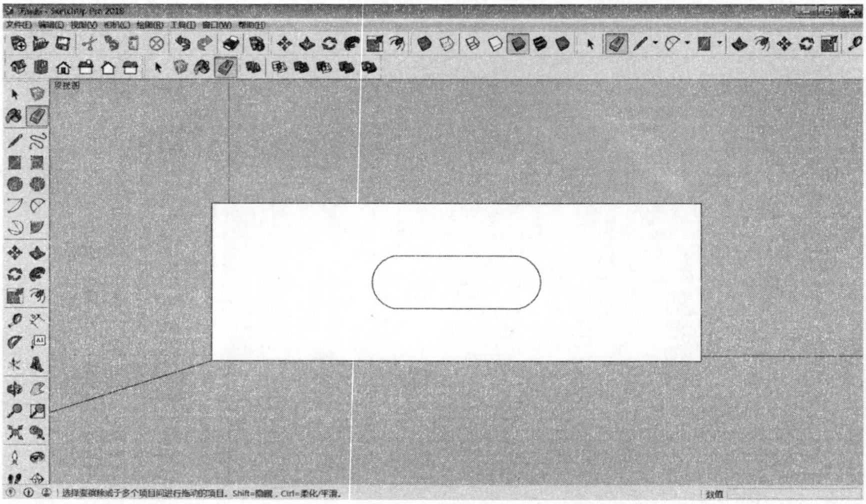

图 6-7　擦除多余的辅助线

第八步：切换至“等轴视图”，选择中间带圆角矩形面，选择“推/拉”工具，向下推拉 9 mm，形成镂空效果，如图 6-8 所示。

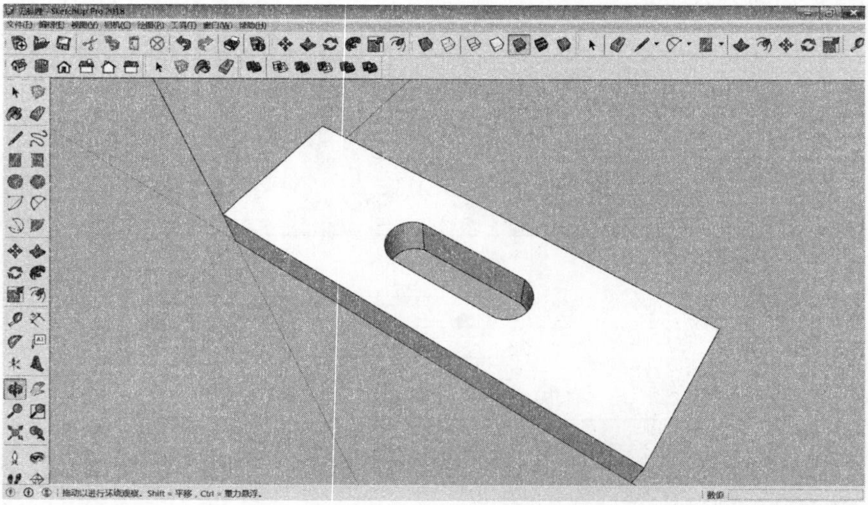

图 6-8　镂空效果

第九步：切换至“右视图”，选择“卷尺”工具测量离大长方形宽边 4 mm 的距离，并连接两边的端点。选择“圆弧”工具，在两端绘制弧高为 3.5 mm 的圆弧，如图 6-9 所示。

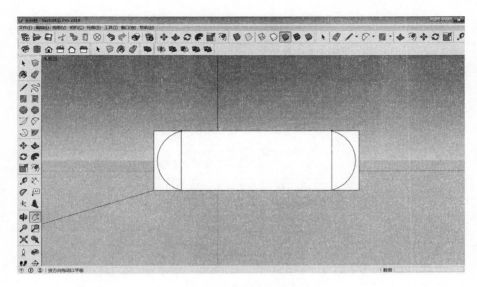

图 6-9　两端绘制圆弧

第十步：选择"擦除"工具 擦除多余辅助线，选择"环绕观察"工具 旋转至合适的角度，如图 6-10 所示。

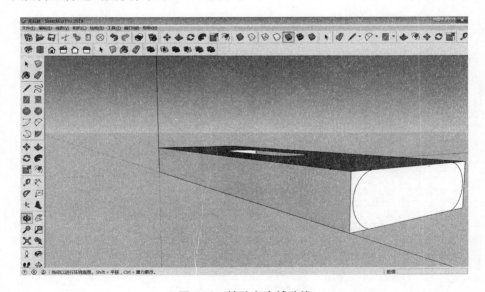

图 6-10　擦除多余辅助线

第十一步：选择"推/拉"工具 ，分别点击选择需要去掉的截面，如图 6-11 所示。

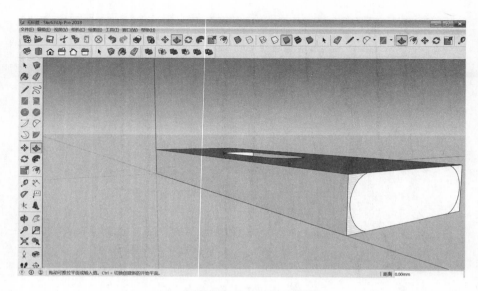

图 6-11　选择需要去掉的截面

第十二步：使用"推/拉"工具 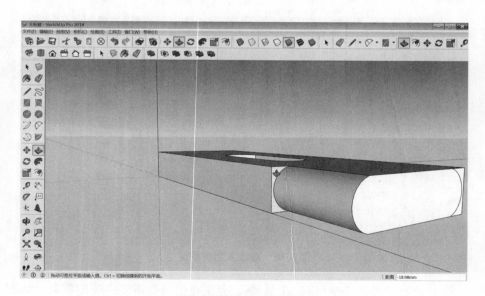，沿长方形长边方向推拉作出圆弧，如图 6-12 所示。

完成后的第一根结构件如图 6-13 所示。

图 6-12　推拉作出圆弧

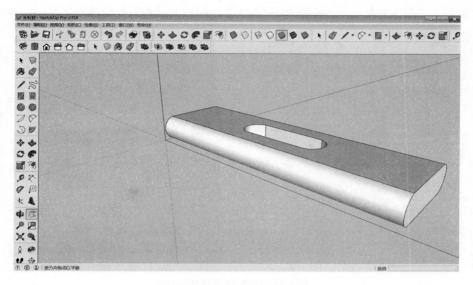

图 6-13　完成后的第一根结构件

第十三步：切换至"俯视图" ，把图 6-14 所示结构件创建组件，按住【Ctrl】键的同时选择"移动"工具 ，复制当前矩形并沿红色轴线移至右侧，如图 6-15 所示。

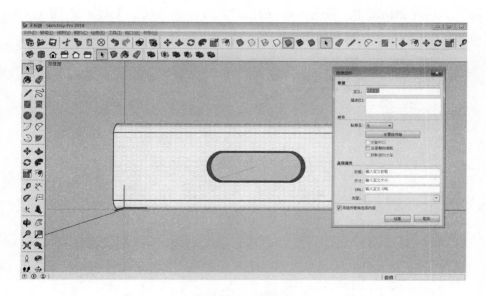

图 6-14　创建组件

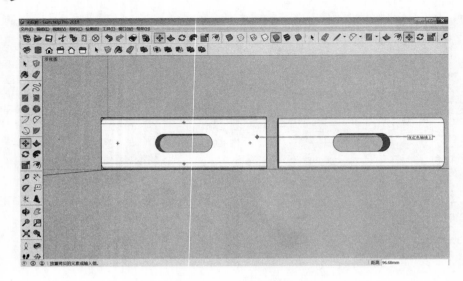

图 6-15　复制并移动结构件

6.2　第二根结构件

在已完成第一根结构件的基础上，设计第二根结构件。

第一步：切换至"俯视图" ，绘制长方向中点辅助线，并选择"卷尺"工具 量出离中点两侧 5 mm 的位置。选择"直线"工具 连接 4 个面的所有相关线段，形成和原结构件相交错的实体，如图 6-16 所示。

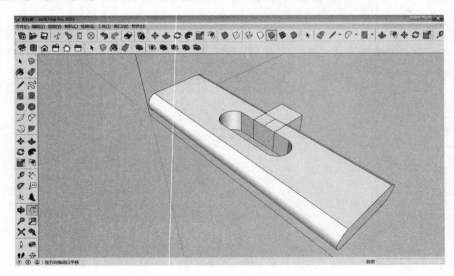

图 6-16　绘制辅助线

第二步：选择"擦除"工具 ✎ 删除中点的辅助线，选中绘制出的长方体，单击鼠标右键创建组件，如图6-17所示。

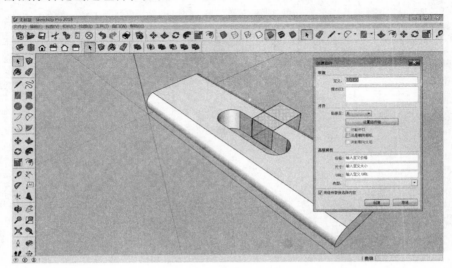

图6-17　创建组件

第三步：选择小矩形实体，再选择"减去"工具 ⬚，点击大矩形实体，效果如图6-18所示。

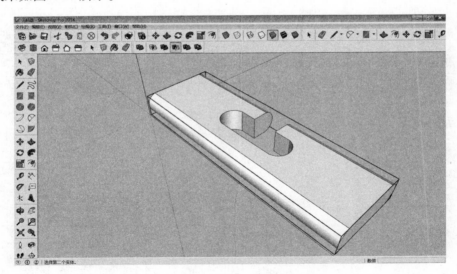

图6-18　第二根结构件效果

第四步：切换至"俯视图" ⬚，按住【Ctrl】键的同时选择"移动"工具 ✣，复制当前矩形并沿红色轴线移至右侧，如图6-19所示。

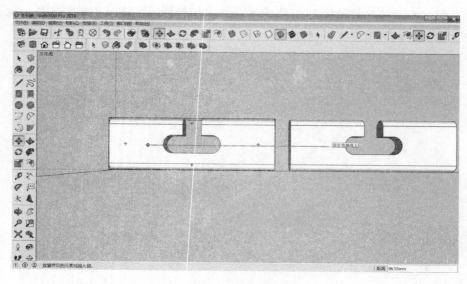

图 6-19　复制矩形

6.3　第三根结构件

第一步：切换至"俯视图" 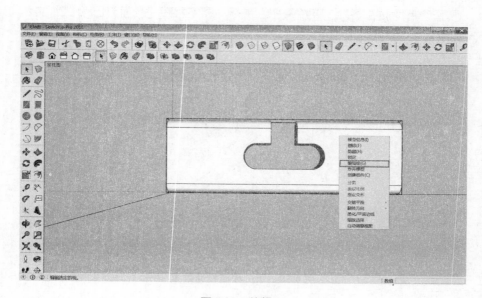，在第二个结构件的基础上进行设计。选择实体单击鼠标右键，编辑组，如图 6-20 所示。

图 6-20　编辑组

第二步：选择"环绕观察"工具 ，切换至合适的视角，选择"直线"

工具 ✏ 封闭小矩形的部分空间，如图 6-21 所示。

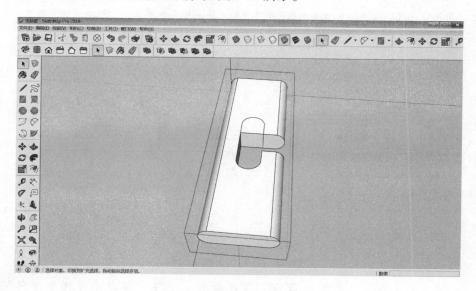

图 6-21 封闭小矩形的部分空间

第三步：选择"擦除"工具 ✐ 擦除正面和反面多余的辅助线（见图 6-22），在实体之外单击鼠标左键，恢复矩形实体状态。

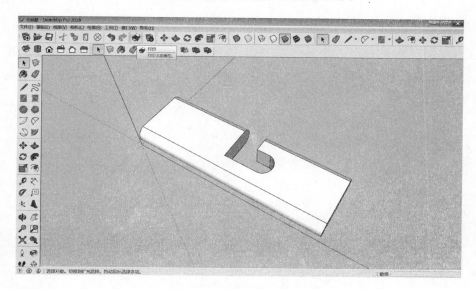

图 6-22 擦除多余辅助线

第四步：孔明锁 3 根结构件设计完成效果如图 6-23 所示。

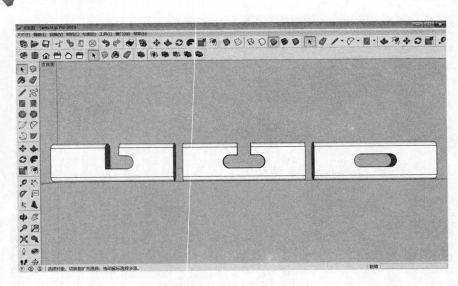

图 6-23　孔明锁 3 根结构件

第五步：执行"文件 | 保存"菜单命令，选择"保存路径和文件名"，保存文件。

第七章 多功能活动挂钩

　　在人们的生活和工作中，很多地方都离不开挂钩，无论是进门处，还是卧室房间、书桌墙面都需要它们来钩挂小物品、办公用表单等。一般将挂钩固定于墙壁（隔断板）上，采用吸盘吸附、不干胶贴附、螺丝等方式固定。

　　生活中还有许多创意挂钩既实用又美观，还可以为生活增添一份温馨。创意挂钩设计让普通的挂钩不再是简简单单的一个钉子，实用的创意挂钩能让人们在家居生活更加有创意。

7.1 活动挂钩底板

　　第一步：切换至"俯视图" ，选择"矩形"工具 ；以原点为矩形的第一个角，绘制 80 mm×40 mm 的矩形，如图 7-1 所示。

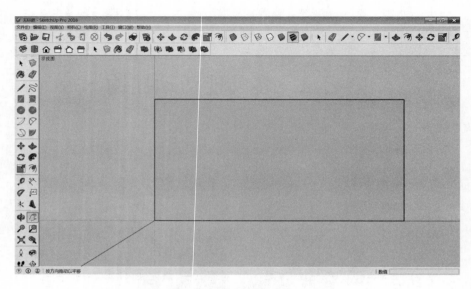

图 7-1　绘制矩形

　　第二步：选择"圆弧"工具 ◇ 在矩形的两侧各画一个半圆，如图 7-2 所示。

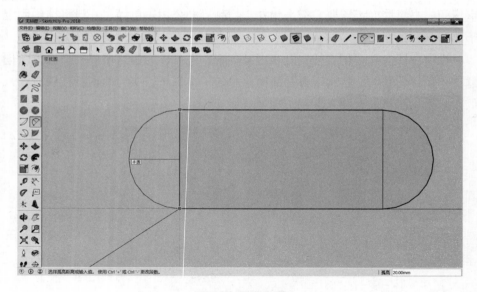

图 7-2　绘制半圆

　　第三步：切换至"等轴视图" ◇，选择"擦除"工具 ◇ 擦除多余的线条，选择"推/拉"工具 ◆，把长方形厚度拉至 5 mm，如图 7-3 所示。

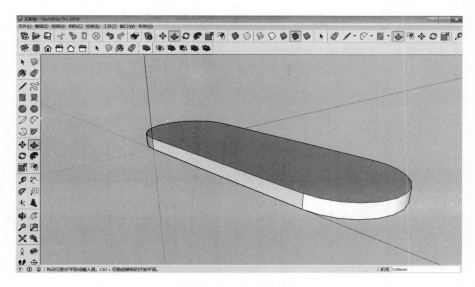

图 7-3　拉伸厚度至 5 mm

第四步：切换至"俯视图"，重新绘制长方形宽边的线条作为辅助线，使用"直线"工具 ✏ 绘制宽边中点的 3 条辅助线，如图 7-4 所示。

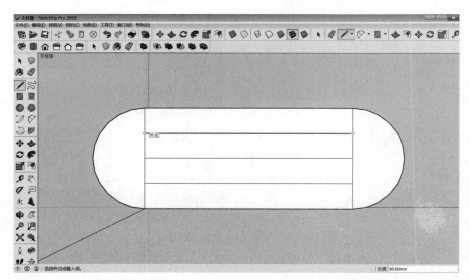

图 7-4　绘制辅助线

第五步：删除中间的辅助线。使用"直线"工具 ✏ 沿宽的边，向内部方向另外绘制宽为 10 mm 的两个矩形。选择"擦除"工具 ✎ 擦除多余的辅助线，如图 7-5 所示。

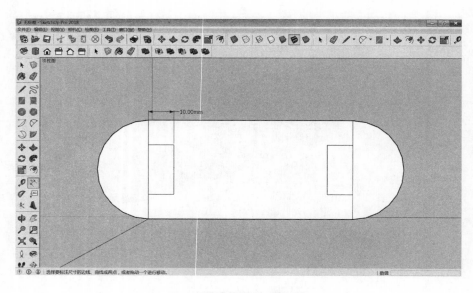

图 7-5 擦除多余的辅助线

第六步：切换至"等轴视图" 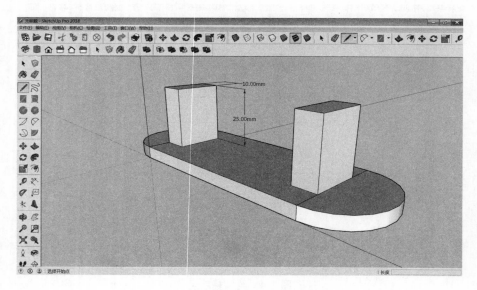，选择"推/拉"工具 把两边的小矩形拉伸至 25 mm，如图 7-6 所示。

图 7-6 小矩形拉伸至 25 mm

第七步：选择"卷尺"工具 标出离顶部 10 mm 的点，用"直线"工具 连接两边线，并绘制出半圆，如图 7-7 所示。

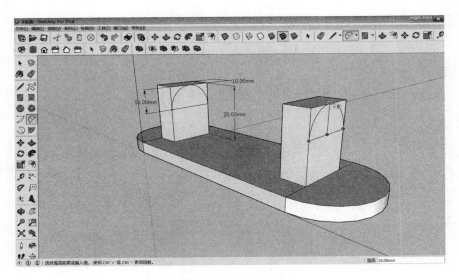

图 7-7　绘制半圆

　　第八步：选择"推/拉"工具 ，推掉多余的面，形成两个小矩形的半圆造型，如图 7-8 所示。

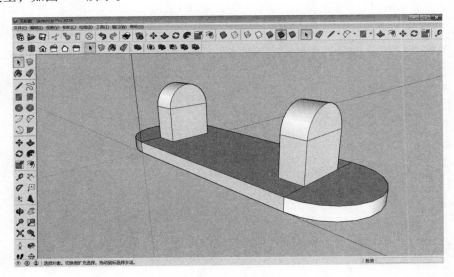

图 7-8　形成半圆

7.2　活动挂钩横梁

　　第一步：在半圆的中心处，选择"圆"工具 ⊙ 绘制一个半径为 5 mm 的圆，并选择"擦除"工具 ✐ 擦除圆内部及周边的辅助线，效果如图 7-9 所示。

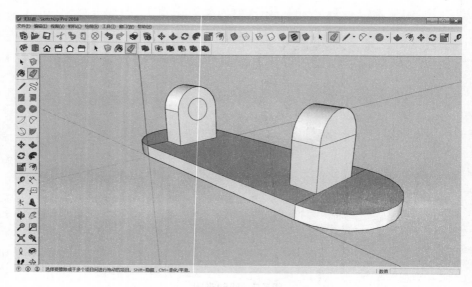

图 7-9　绘制小圆

　　第二步：选择"偏移"工具，以内圆边线为基准，分两次分别把圆向外偏移 1 mm，再向外偏移 3.5 mm，如图 7-10 所示。

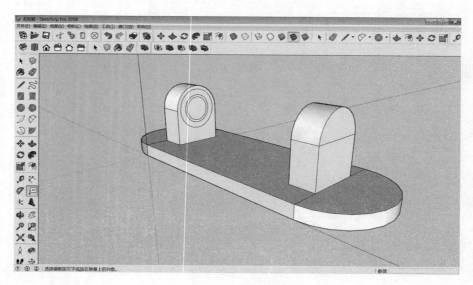

图 7-10　偏移圆的边线

　　第三步：使用"选择"工具，选择最外层的圆圈，按住【Ctrl】键的同时选择"移动"工具，复制最外层的圆圈至另外一侧，如图 7-11 所示。

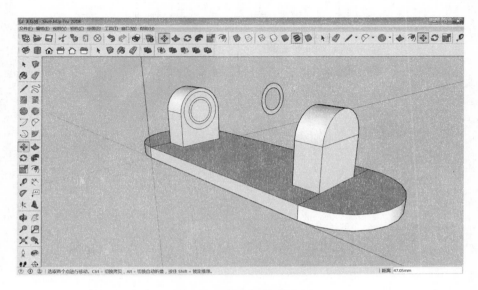

图 7-11　复制圆圈至外侧

第四步：选择"推/拉"工具 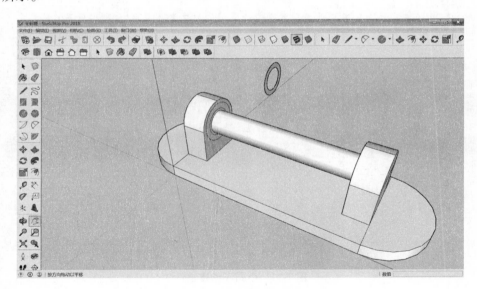，把中间的圆拉伸至另一端，如图 7-12 所示。

图 7-12　拉伸中间的圆至另一端

第五步：删除多余的辅助线，选中底座和横梁创建组件，如图 7-13 所示。

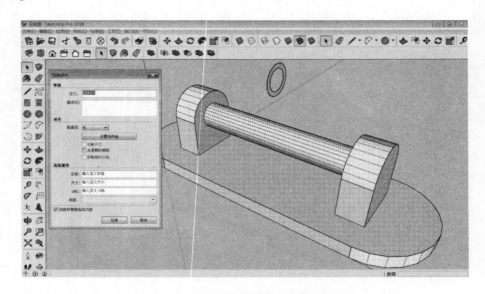

图 7-13　底座和横梁创建组件

第六步：把小圆环创建组件，如图 7-14 所示。

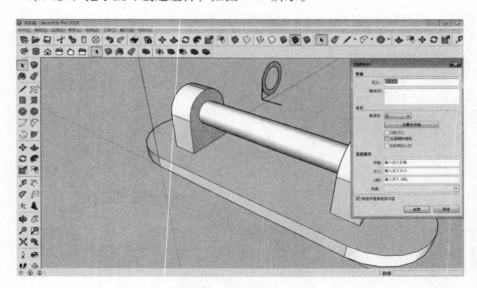

图 7-14　小圆环创建组件

7.3　活动挂钩

第一步：选择"移动"工具 ✥ 移动小圆环位置（见图 7-15），选择"旋转"工具 🔁 把小圆环旋转放置到平面上，如图7-16所示。

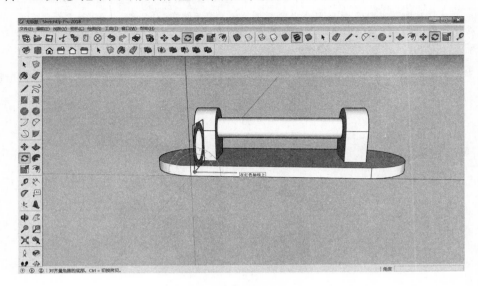

图7-15 旋转小圆环

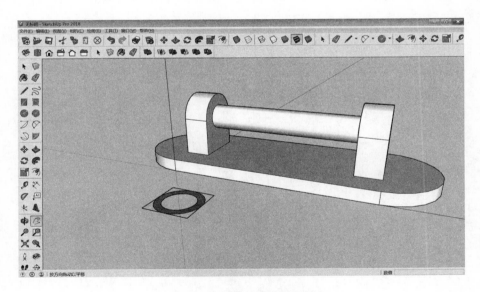

图7-16 将小圆环放置到平面上

第二步：单击鼠标右键，在弹出的对话框中选择炸开小圆环模型，如图7-17所示。

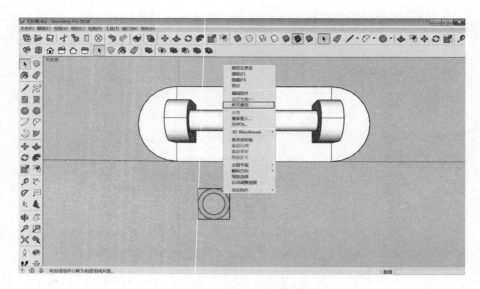

图 7-17　炸开小圆环模型

第三步：按图 7-18 所示选择"直线"工具 ✎ 画出多功能活动挂钩的主体部分。

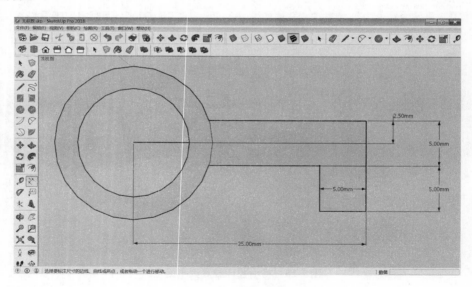

图 7-18　绘制挂钩图形

第四步：擦除多余的辅助线，如图 7-19 所示。

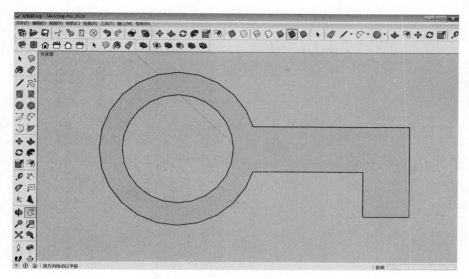

图 7-19　擦除多余辅助线

第五步：切换至"等轴视图" ，选择"推/拉"工具 🔷 推拉挂钩高度至 10 mm，单击鼠标右键，弹出"创建组件"对话框，如图 7-20 所示。

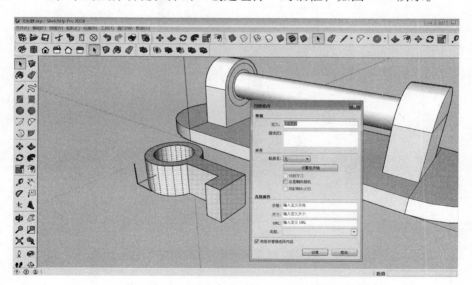

图 7-20　推拉挂钩高度至 10 mm，创建组件

第六步：选中挂钩创建组件，选择"旋转"工具 🔄 旋转至合适位置，如图 7-21 和图 7-22 所示。

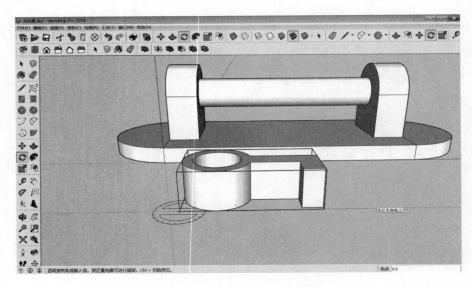

图 7-21　旋转挂钩至合适位置

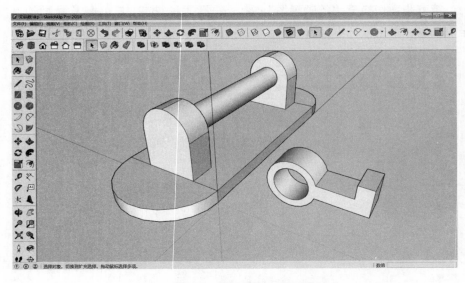

图 7-22　继续旋转挂钩至合适位置

　　第七步：选择挂钩实体，移动至底座横梁上（见图 7-23），再使用【Ctrl】键 + "移动"工具✥，移动并复制多个挂钩至底座横梁，如图 7-24 所示。

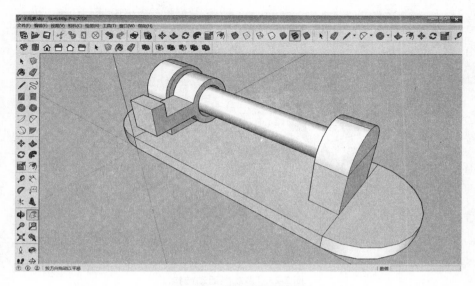

图 7-23　移动挂钩至横梁

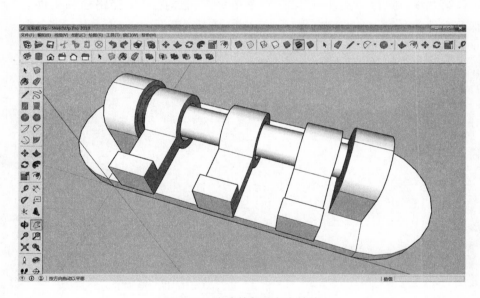

图 7-24　移动并复制多个挂钩

第八步：选中底座实体，单击鼠标右键编辑组件，在底座距离两端中心点 8 mm 处，使用选择"圆"工具 绘制半径为 2 mm 的两个小圆并做镂空处理，采用安装螺丝，如图 7-25 所示。

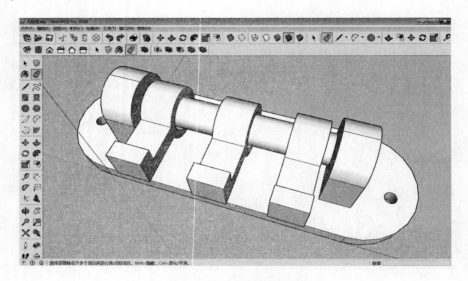

图 7-25　多功能活动挂钩

第九步：执行"文件 | 保存"菜单命令，选择"保存路径和文件名"，保存文件。

第八章　金字塔手机支架

B. 背面斜面，角度 121°

D. 左侧斜面，角度 106.6°

C. 右侧斜面，角度 130.7°

A. 正前斜面，角度 120°

什么样的姿势是目前人们都在做的？那就是低头玩手机。长时间的低头状态不仅会带来颈椎问题，同时还会造成手臂的酸痛。简约、易用的手机支架从人体工程学的角度进行结构设计，让使用者能够以最舒适的方式玩手机，获得更好的用户体验。

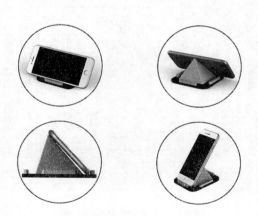

8.1　金字塔手机支架底座

第一步：切换至"俯视图" ▦，选择"矩形"工具 ▨；以原点为矩形的第一个角，绘制边长为 85 mm 的正方形，如图 8-1 所示。

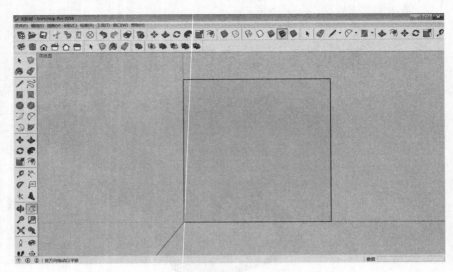

图 8-1 绘制正方形

第二步：选择"偏移"工具 ，把正方形的边向内偏移 15 mm，如图 8-2 所示。

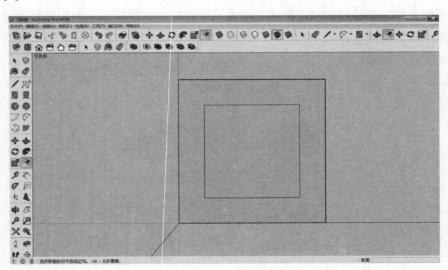

图 8-2 边线向内偏移 15 mm

第三步：选择"直线"工具 ，延长内正方形的各边线。选择"圆弧"工具 ，以大正方形的边线与小正方边长延长线的交点为起点和终点，画出 4 个角弧高为 5 mm 的半圆弧，如图 8-3 所示。

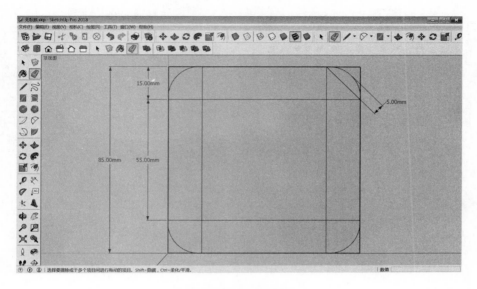

图 8-3 绘制四角圆弧

第四步：选择"擦除"工具 ，擦除多余的辅助线。选择"推/拉"工具 把地座整个面向上拉伸 5 mm，如图 8-4 所示。

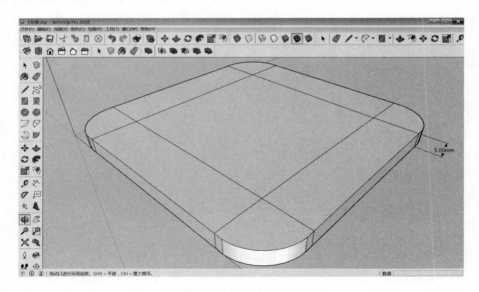

图 8-4 底座向上拉伸 5 mm

第五步：选择"直线"工具 ，在 4 条边中点处向内画 4 mm 的线段，并向两边画 20 mm 的线段，如图 8-5 所示。

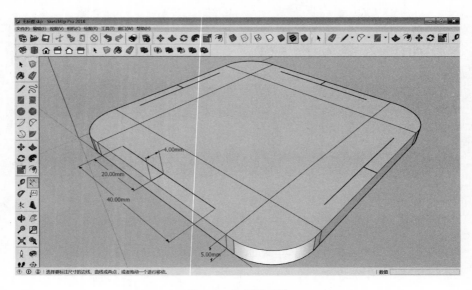

图 8-5　绘制辅助线

第六步：在线段的端点向两边画 2 mm 的线段，并用直线工具连接各端点形成矩形，如图 8-6 所示。

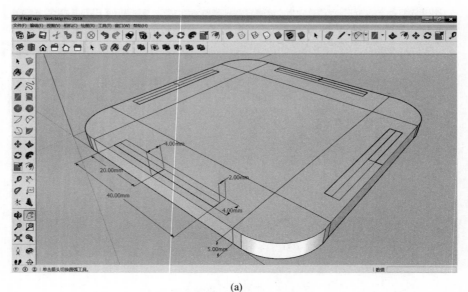

(a)

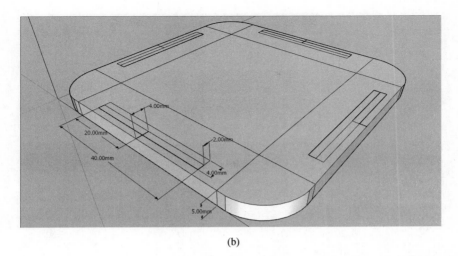

(b)

图 8-6　辅助线尺寸

第七步：选择"擦除"工具 🖊，擦除多余的辅助线，选择"卷尺"工具 🖊 在上述的小矩形宽边向长方向标注 2 mm，如图 8-7 所示。

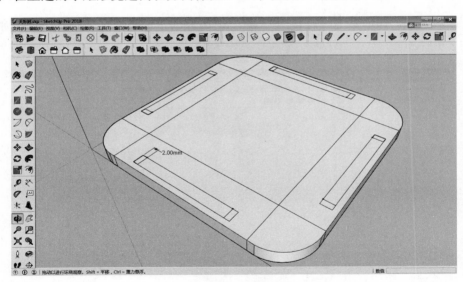

图 8-7　创建尺寸引导线

第八步：选择"圆弧"工具 🖊，在小矩形两端绘制弧高为 2 mm 的半圆。选择"擦除"工具 🖊，擦除多余的辅助线，形成的小圆角矩形待用，如图 8-8 所示。

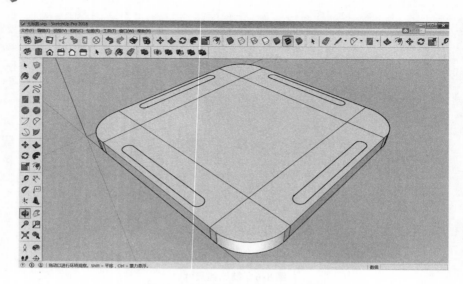

图 8-8　绘制弧高为 **2 mm** 的半圆

8.2　金字塔手机支架塔身

第一步：切换至"等轴视图" ，把内部的正方形向上拉伸 70 mm，如图 8-9 所示。

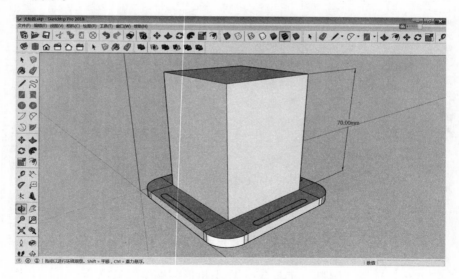

图 8-9　内部正方形向上拉伸 **70 mm**

第二步：切换至"前视图" ，选择"量角器"工具 ，分别以右下角和左下角为量角器中心，边线对齐量角器底部，准备标注角度参考，如

图 8-10 所示。

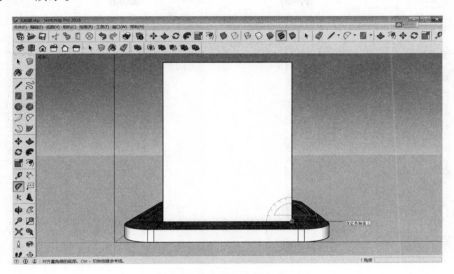

图 8-10　量角器工具

第三步：右下角从右边线逆时针方向绘制 130.7°参考线，左下角从左边线顺时针方向绘制 106.6°参考线，如图 8-14 所示（为便于观察，图 8-11 中标注的是所画角度的补角值）。

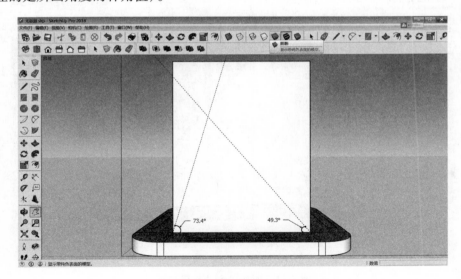

图 8-11　使用量角器工具创建参考线

第四步：选择"直线"工具 ✐ 沿角度参考线绘制角度的实线，如图 8-12 所示。

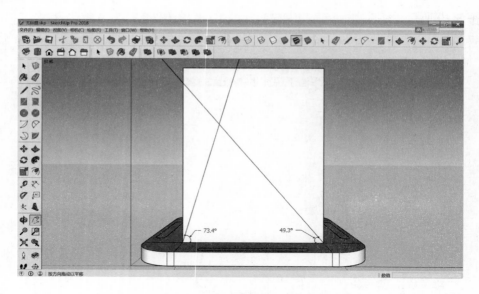

图 8-12 沿角度参考线绘制出角度的实线

第五步：切换至"等轴视图" 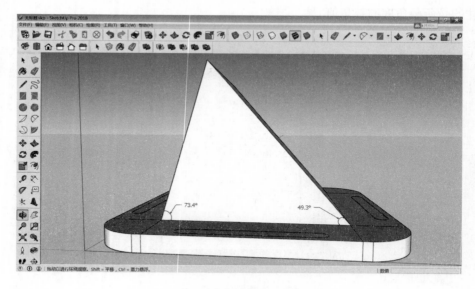，选择"擦除"工具 和"推/拉"工具 ，删除多余的截面和线，如图 8-13 所示。

图 8-13 删除多余的截面和线

第六步：切换至"右视图" ，选择"量角器"工具 ，分别以右下角和左下角为量角器中心，边线对齐量角器底部。右下角从右边线开始逆时针

方向绘制 121°参考线，左下角从左边线顺时针方向绘制 120°参考线，如图 8-14
所示（为便于观察，图 8-14 中标注的是所画角度的补角值）。

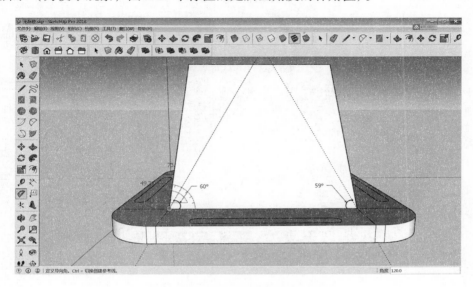

图 8-14　使用量角器工具创建参考线

　　第七步：选择"直线"工具 沿角度参考线绘制角度的实线，如图 8-15
所示。

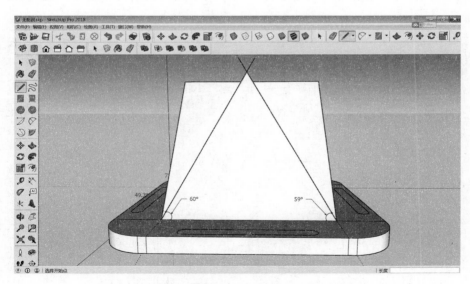

图 8-15　沿角度参考线绘制角度的实线

第八步：切换至"前视图" ，选择"直线"工具 ✏ 从右侧两条线交点处开始沿红色轴线绘制一条贯穿实体的水平线，如图 8-16 所示。

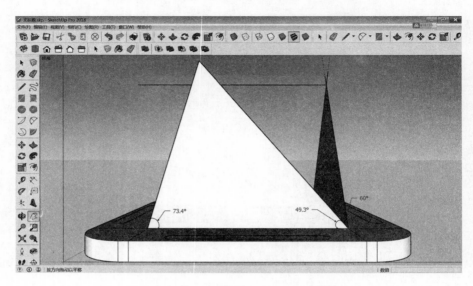

图 8-16　绘制贯穿实体的水平线

第九步：使用"环绕观察"工具 ✤，选择合适的视角；使用"直线"工具 ✏ 沿左、右两侧底角向顶部实体与水平线交点处绘制相关线段，如图 8-17 所示。

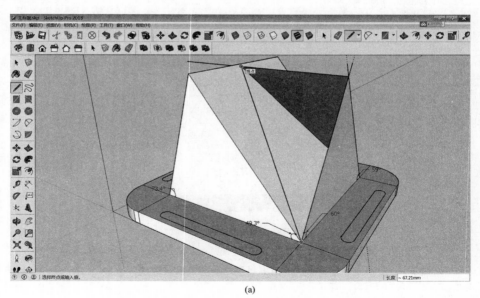

(a)

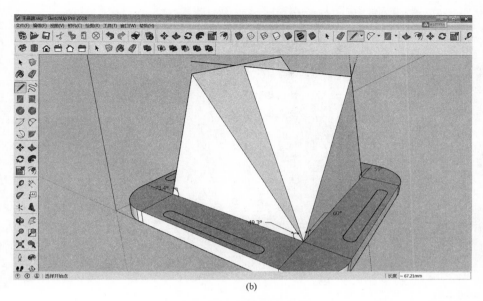

(b)

图 8-17　绘制辅助线

第十步：使用"环绕观察"工具 ✛，选择合适的视角；使用"直线"工具 ✎ 延长上一步绘制的两条线段，如图 8-18 所示。延长后的实体如图 8-19 所示。

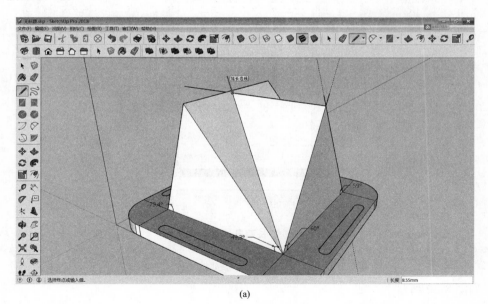

(a)

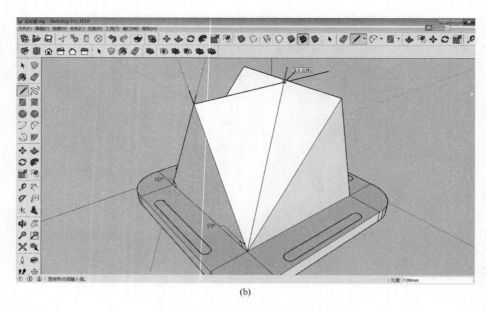

(b)

图 8-18 延长两条线段

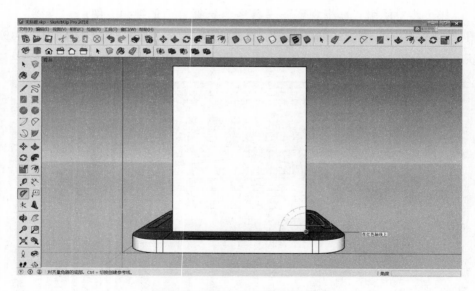

图 8-19 延长两条线段后的实体

　　第十一步：选择"选择"工具 ▶ 和"擦除"工具 ◢ 擦除相关线段和截面，如图 8-20 所示。

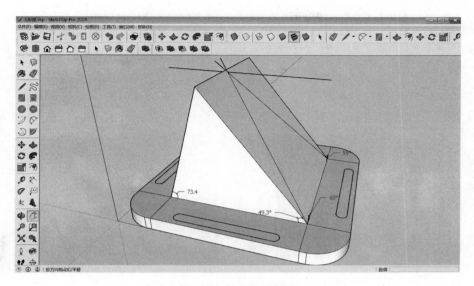

图 8-20 删除辅助线和截面后的实体

第十二步：切换至"左视图" ⬚，选择"直线"工具 ✏ 从底角向顶点绘制线段，如图 8-21 所示。

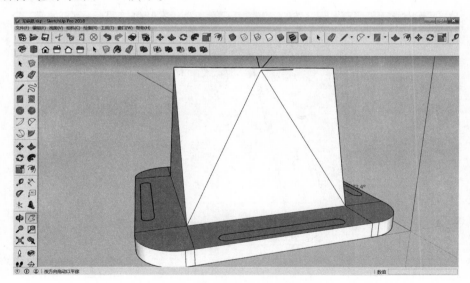

图 8-21 左侧面绘制辅助线

第十三步：选择"直线"工具 ✏ 延长上述两条线段，如图 8-22 所示。

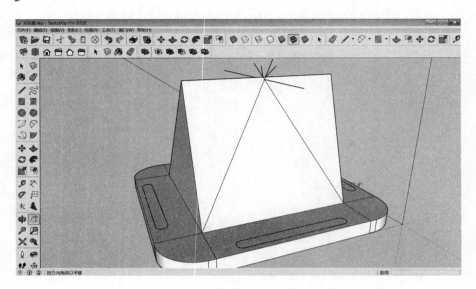

图 8-22　延长辅助线

第十四步：切换至"等轴视图" ，选择"选择"工具 和"擦除"工具 ，删除多余的辅助线和截面，如图 8-23 所示。

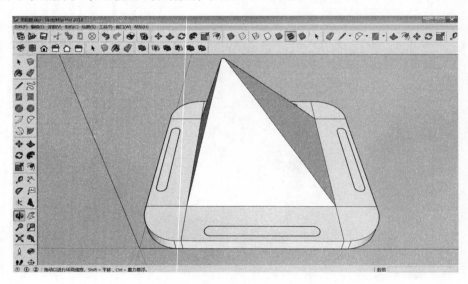

图 8-23　删除多余的辅助线和截面

8.3　金字塔手机支架底座完善

第一步：选择"环绕观察"工具 ，查看图形底部（见图 8-24）。选择

"直线"工具 ，画线封住底部，然后再删除辅助线段，如图 8-25 所示。

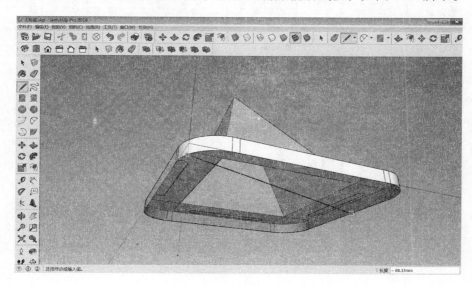

图 8-24　查看金字塔底部

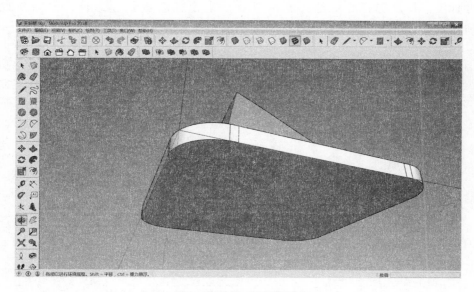

图 8-25　封闭金字塔底

第二步：切换至"等轴视图" ，选择"推/拉"工具 把四边带圆角
小矩形向上推 6 mm，如图 8-26 所示。

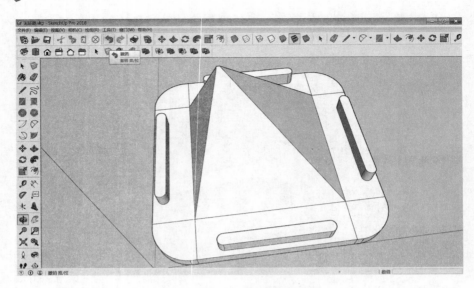

图 8-26　小矩形向上推 6 mm

第三步：选择"擦除"工具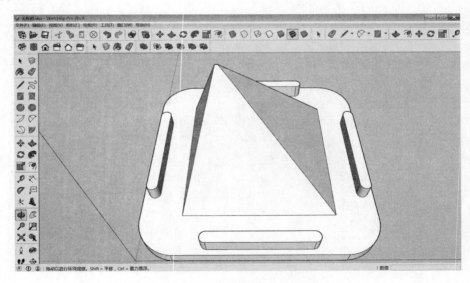，擦除多余的辅助线，隐藏参考线和尺寸标注信息。选择金字塔手机支架，单击鼠标右键创建组件，如图 8-27所示。

图 8-27　金字塔手机支架

第四步：执行"文件 ｜ 保存"菜单命令，选择"保存路径和文件名"，保存文件。

第九章　弹力投石车

　　中国的投石车最早出现于战国时期，是用人力在远离投石器的地方一齐牵拉连在横杆上的梢（炮梢）。炮梢架在木架上，一端用绳索拴住容纳石弹的皮套，另一端系以许多条绳索让人力拉拽而将石弹抛出。炮梢分单梢和多梢，最多有 7 个炮梢装在一个炮架上，需二百多人施放。

9.1　投石车支架

第一步：切换至"俯视图" ▣ ，选择"矩形"工具 ◩ ，以原点为矩形第一个角，绘制 115 mm×90 mm 的矩形，如图 9-1 所示。

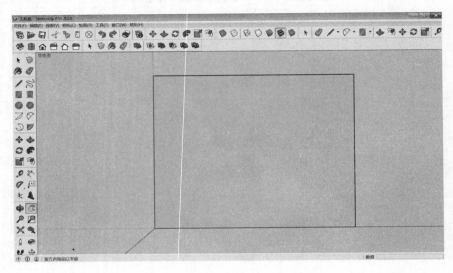

图 9-1　绘制矩形

第二步：切换至"等轴视图" ▣ ，选择"推/拉"工具 ♦ 把矩形的厚度拉伸至 4 mm，如图 9-2 所示。

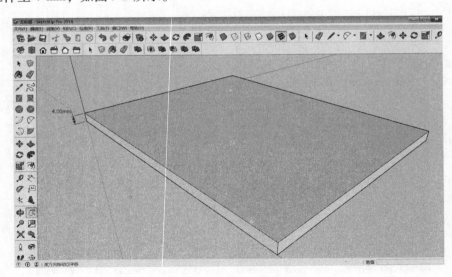

图 9-2　拉伸矩形厚度 4 mm

第三步：切换至"俯视图" ，根据投石机支架尺寸，先选择"卷尺"工具 量出各点尺寸，再选择"尺寸"工具 标注出如图 9-3 所示的详细尺寸数据。

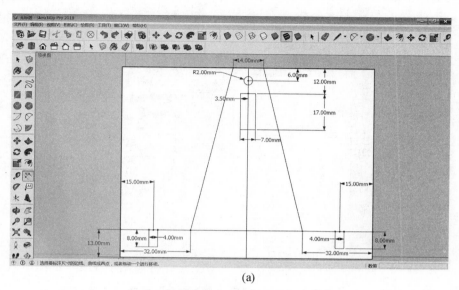

(a)

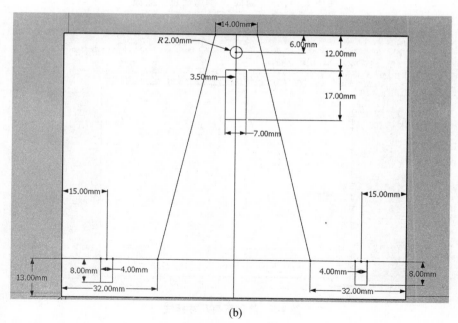

(b)

图 9-3 支架尺寸

第四步：选择"直线"工具 连接各相关线段。

第五步：打开"窗口丨模型信息"菜单（见图9-4），点击"窗口"中"尺寸"→"选择全部尺寸"，然后在视图尺寸标注上单击鼠标右键，在弹出的对话框中选择"隐藏"，隐藏所有尺寸标注，如图9-5所示。

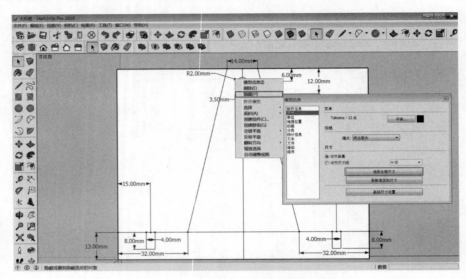

图9-4　打开"窗口丨模型信息"菜单

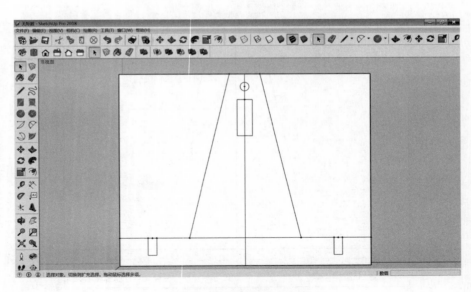

图9-5　隐藏所有尺寸标注

第六步：使用"擦除"工具 ✐，擦除多余的辅助线，如图9-6所示。

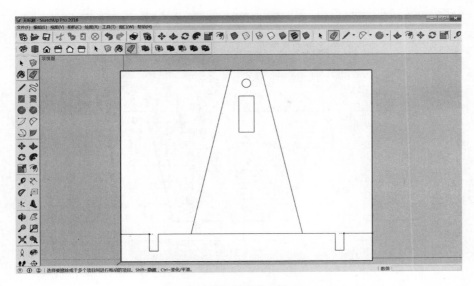

图9-6　擦除多余的辅助线

第七步：切换至"等轴视图" ，选择"推/拉"工具 ，去除多余的截面，并镂空小圆和圆下方的矩形，如图9-7所示。

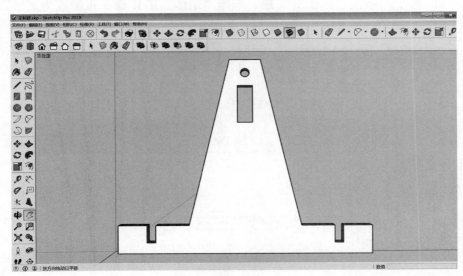

图9-7　去除多余的截面

第八步：选中投石车支架创建组件，并使用【Ctrl】键＋"移动"工具 沿红色轴线方向复制投石车支架，如图9-8所示。

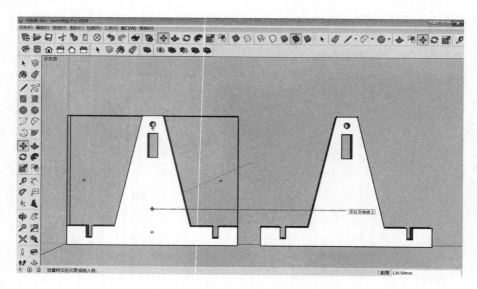

图 9-8　复制支架

9.2　投石车横梁

第一步：切换至"俯视图"，选择"矩形"工具；以原点为矩形第一个角，绘制 76 mm×14 mm 的矩形，如图 9-9 所示。

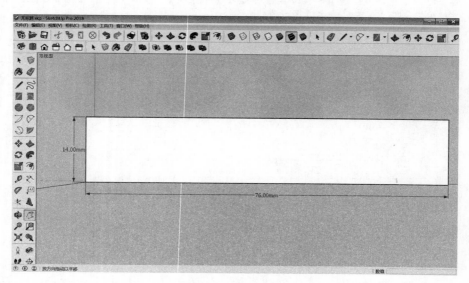

图 9-9　绘制矩形

第二步：切换至"等轴视图"，选择"推/拉"工具，拉伸矩形的厚度为 4 mm，如图 9-10 所示。

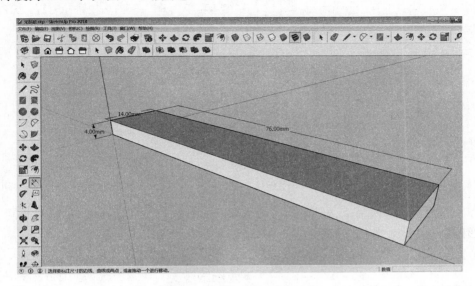

图 9-10 拉伸矩形厚度至 4 mm

第三步：切换至"俯视图" ▤，利用"卷尺"工具 🖉 量出各点尺寸，再选择"尺寸"工具 🗡 标注出如图 9-11 所示的详细尺寸数据，用"直线"工具 ✏ 连接各端点。

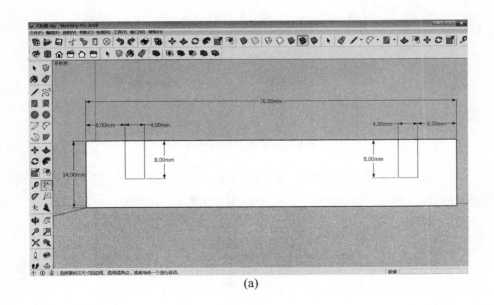

(a)

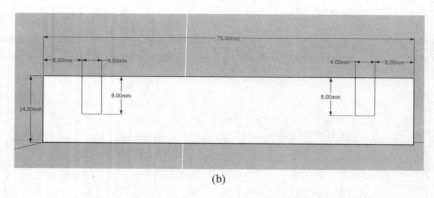

(b)

图 9-11　横梁尺寸

第四步：切换至"等轴视图"　，选择"推/拉"工具　，把两个小矩形做镂空处理，如图 9-12 所示。

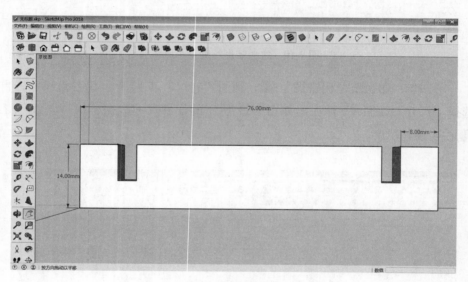

图 9-12　小矩形镂空处理

第五步：切换至"俯视图"　，隐藏标注尺，创建组件，使用【Ctr】键的同时选择"移动"工具　，复制 3 个同样的横梁，移至另一侧待用。

9.3　投石车抛杆

第一步：切换至"俯视图"　，选择"矩形"工具　；以原点为矩形第一个角，绘制 148 mm × 26 mm 的矩形，如图 9-13 所示。

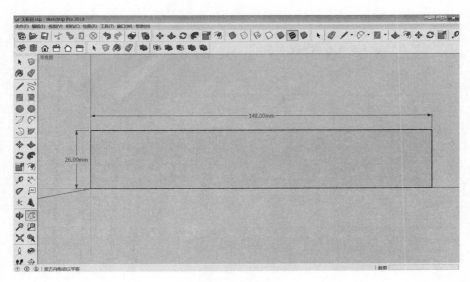

图 9-13 绘制矩形

第二步：切换至"等轴视图" ，选择"推/拉"工具 ，拉伸矩形厚度为 9 mm，如图 9-14 所示。

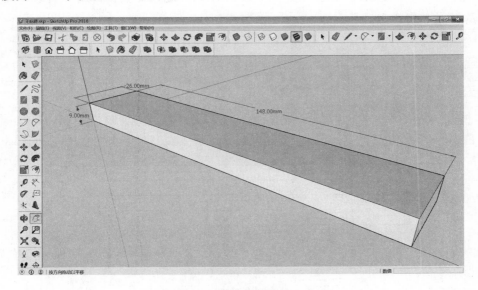

图 9-14 拉伸矩形厚度至 9 mm

第三步：切换至"俯视图" ，把宽的边分成 4 等份，用"直线"工具 连接宽的两边，如图 9-15 所示。

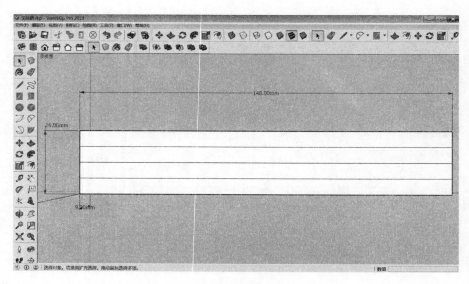

图 9-15　绘制辅助线

第四步：切换至"俯视图" 🔲，利用"卷尺"工具 🖊 量出各点尺寸，再选择"尺寸"工具 🔧 标注出如图 9-16 所示的详细尺寸数据，用"直线"工具 🖊 连接各端点。

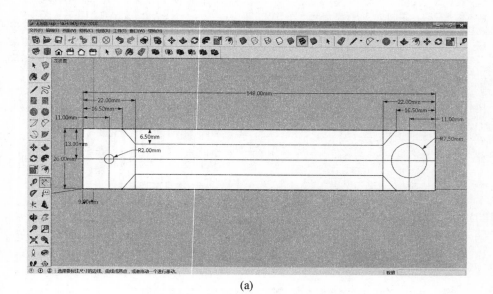

(a)

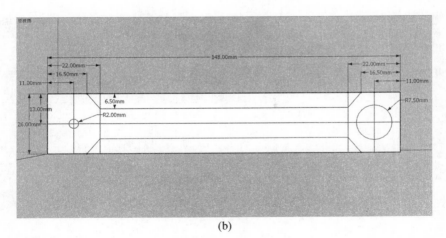

(b)

图 9-16 抛杆尺寸

第五步：切换至"等轴视图" ，隐藏视图中标注的尺寸信息，选择"擦除"工具 擦除相关辅助线，如图 9-17 所示。

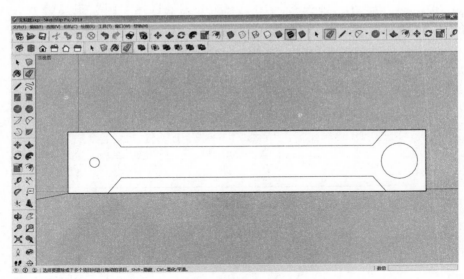

图 9-17 擦除相关辅助线

第六步：选择"推/拉"工具 ，把图中的小圆做镂空处理（大圆不镂空，大圆底部距离上截面的深度为 4 mm），并删除相关的截面，如图 9-18 所示。

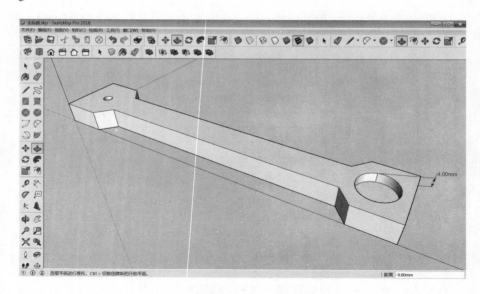

图 9-18　圆的处理

第七步：切换至"前视图" 🏠，在中心点处选择"圆"工具 ⚫ 绘制半径为 2 mm 的圆，如图 9-19 所示。

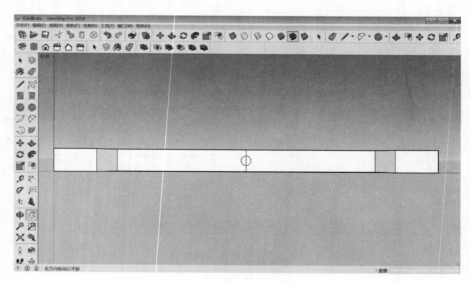

图 9-19　绘制横梁中心处小圆

第八步：选择"环绕观察"工具 ✥，调整合适的视角，并把中心点小圆做镂空处理（见图 9-20）。单击鼠标右键，在弹出的"创建组件"对话框中，点击"确定"按钮，创建组件，如图 9-21 所示。

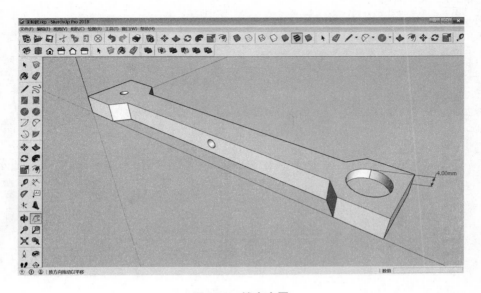

图 9-20 镂空小圆

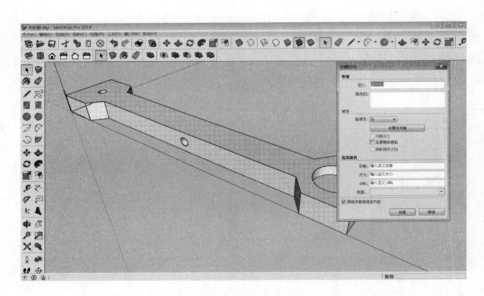

图 9-21 创建组件

9.4 投石车抛杆转轴

第一步：切换至"前视图" 🏠 ，在中心点处选择"圆"工具 ⬤ 绘制半径为 2 mm 的圆，如图 9-22 所示。

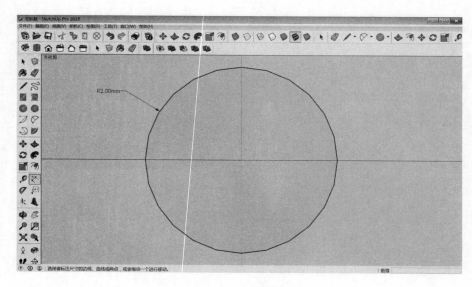

图 9-22 绘制圆

第二步：切换至"右视图" ，选择"环绕观察"工具到合适的视角，选择"推/拉"工具，拉伸圆 76 mm 形成圆柱体（见图 9-23）。再创建组件（见图 9-24），隐藏相关参考线。投石车各结构件如图 9-25 所示。

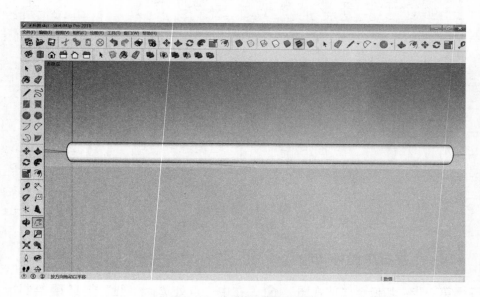

图 9-23 拉伸圆形成圆柱体

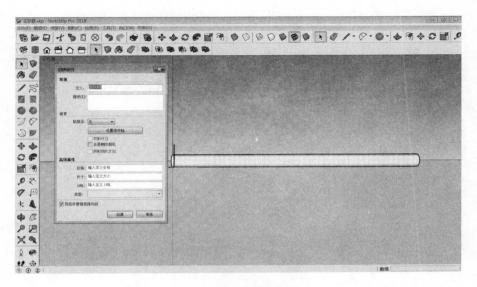

图 9-24 创建组件

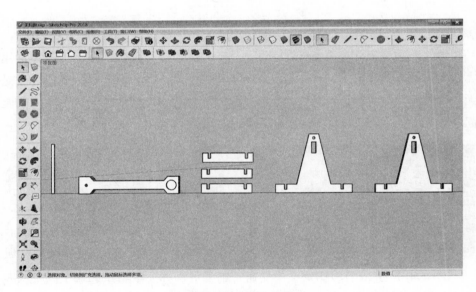

图 9-25 投石车各结构件

第三步：执行"文件 | 保存"菜单命令，选择"保存路径和文件名"，保存文件。

第十章 放飞梦想"无人机"

　　无人驾驶飞机（Unmanned Aerial Vehicle，UAV）简称"无人机"，是利用无线电遥控设备和自备的程序控制装置操纵的不载人飞行器。无人机实际上是无人驾驶飞行器的统称，从技术角度定义可以分为无人固定翼飞机、无人垂直起降飞机、无人飞艇、无人直升机、无人多旋翼飞行器、无人伞翼机等。

　　2018 年 1 月 26 日，国家空中交通管制委员会办公室组织起草了《无人驾驶航空器的飞行管理暂行条例（征求意见稿）》，进一步规范了无人驾驶航空器的飞行及相关活动，对维护国家安全、公共安全、飞行安全，促进行业健康可持续发展提供了法律保障。

10.1 无人机主机机身

　　无人机主机机身如图 10-1 所示。

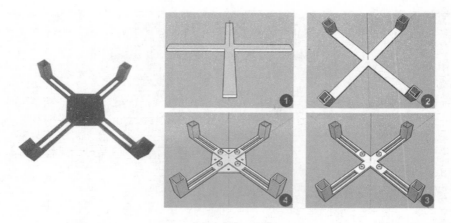

图 10-1 无人机主机机身

第一步：切换至"俯视图" ，选择"直线"工具 绘制长度为 120 mm 的互相垂直的两条线段，如图 10-2 所示。

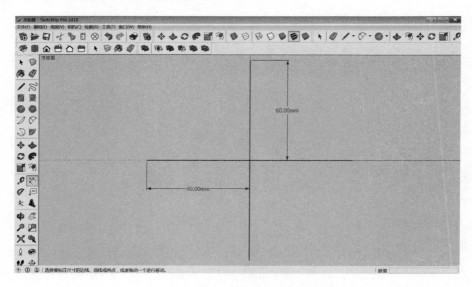

图 10-2 绘制两条线段

第二步：选择"直线"工具 ，在线段的顶点向左、右两边绘制 4.5 mm 长的线段（见图 10-3），依次连接各点形成"十"字矩形，如图 10-4 所示。

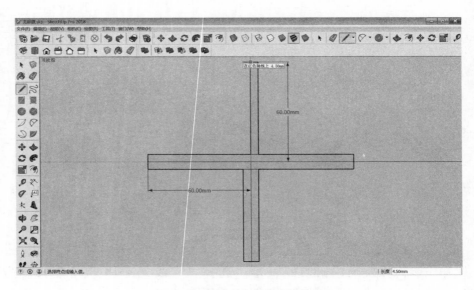

图 10-3　绘制 4.5 mm 长的线段

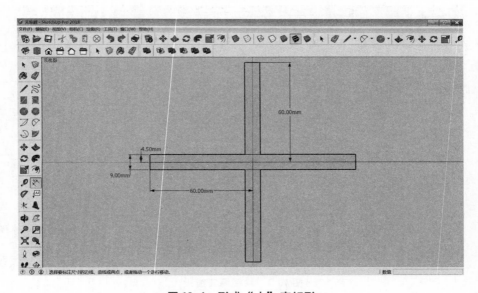

图 10-4　形成"十"字矩形

第三步：选择"擦除"工具 ，擦除多余的辅助线；切换至"等轴视图" ，选择"推/拉"工具 把"十"字形向上拉伸 3 mm，如图 10-5 所示。

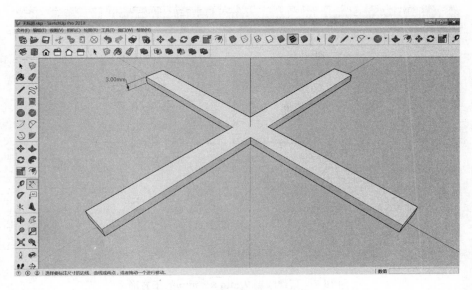

图 10-5　向上拉伸 3 mm

10.2　无人机电机固定桩

无人机电机固定桩如图 10-6 所示。

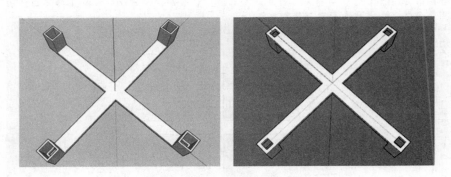

图 10-6　电机固定桩

第一步：选择"矩形"工具 ▨，在十字矩形顶端绘制边长为 9 mm 的正方形，如图 10-7 所示。

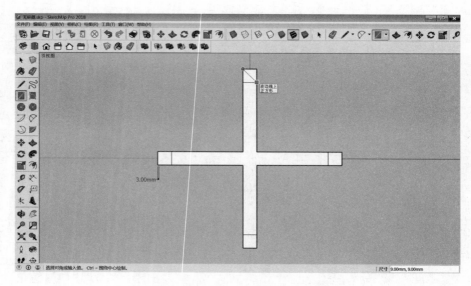

图 10-7　顶端绘制 9 mm × 9 mm 的正方形

　　第二步：选择"偏移"工具 ，把顶端正方形分两次各向内偏移 1 mm，如图 10-8 所示。形成的顶端正方形如图 10-9 所示。

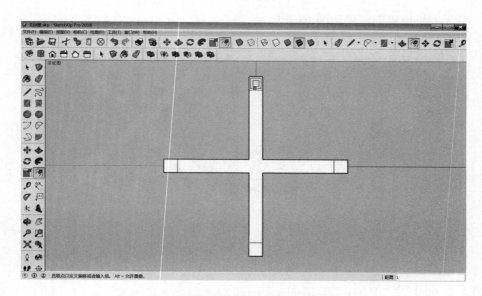

图 10-8　顶端正方形分 2 次各向内偏移 1 mm

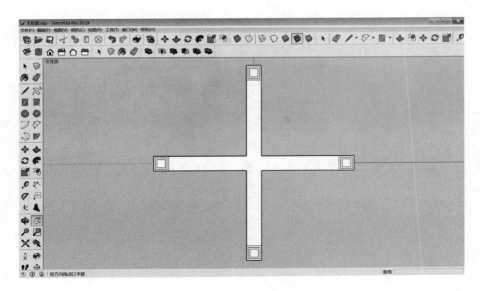

图 10-9 顶端正方形

第三步：切换至"等轴视图" ，选择"推/拉"工具 把顶端最内侧小正方形向下推 3 mm，形成镂空效果，如图 10-10 所示。

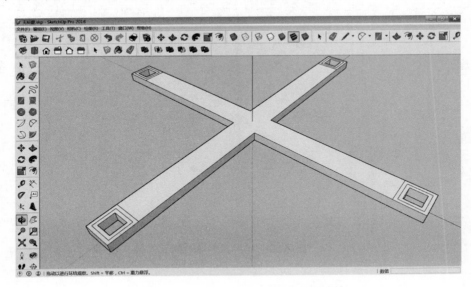

图 10-10 顶端最内侧正方形镂空

第四步：选择"推/拉"工具 ，把顶端的最外侧正方形向上拉伸15 mm，如图 10-11 所示。形成的电机固定桩效果如图 10-12 所示。

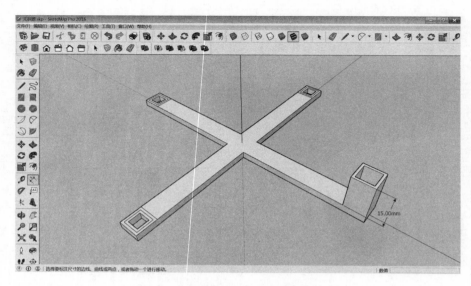

图 10-11　最外侧正方形向上拉伸 15 mm

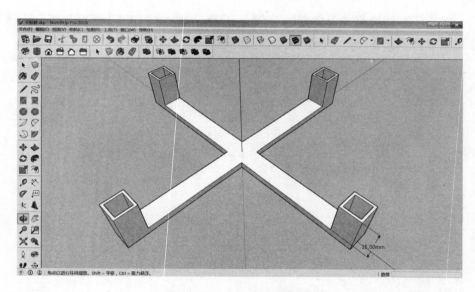

图 10-12　电机固定桩效果

10.3　绘制主控板固定孔

主板固定孔如图 10-13 所示。

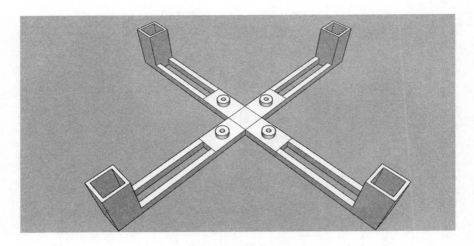

图 10-13 主板固定孔

第一步：切换至"俯视图" ▣，选择"直线"工具 ✎绘制如图 10-12 所示的辅助线（连接各辅助线，其中沿一边向另一侧延伸 15 mm）。

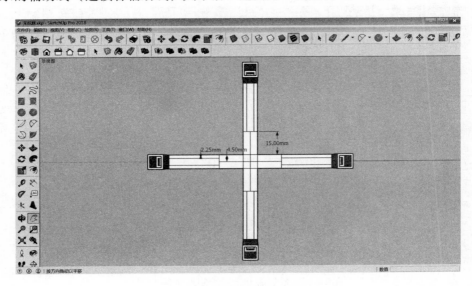

图 10-14 绘制辅助线

第二步：以绘制的 15 mm 线段中点为圆心，分别绘制半径为 0.9 mm 和 2.5 mm 的两个同心圆，如图 10-15 所示。在其他轴上继续绘制半径为 0.9 mm 和 2.5 mm 的同心圆，如图 10-16 所示。

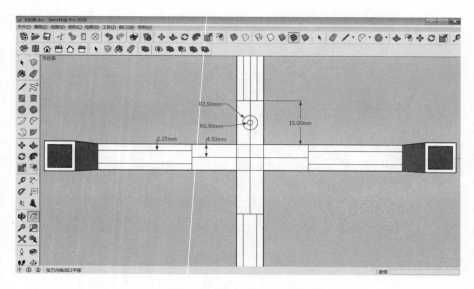

图 10-15　绘制两个同心圆

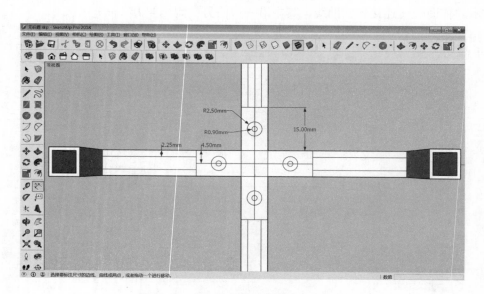

图 10-16　4 个轴上分别绘制两个同心圆

第三步：切换至"俯视图" 📄，删除相关辅助线，选择"推/拉"工具 ◆ 把内孔小圆向下推 3 mm，形成镂空效果，如图 10-17 所示。

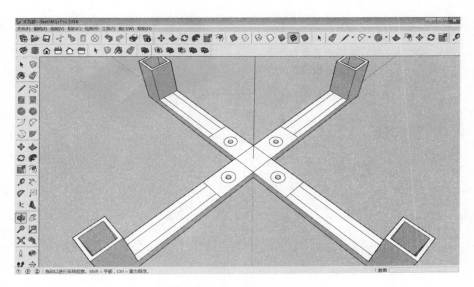

图 10-17　4 个小圆镂空处理

第四步：把小圆外侧的圆环向上推 2 mm，隐藏尺寸标注信息，形成孔洞突起，如图 10-18 所示。

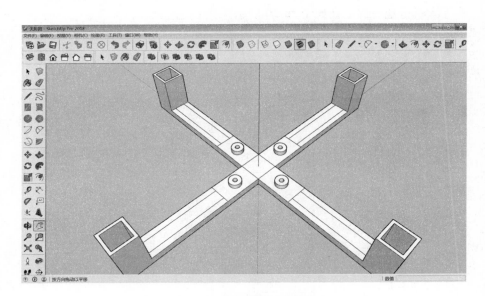

图 10-18　小圆环向上推 2 mm

第五步：为了减轻机架重量，按照图 10-19 所示，把支架部分截面做镂空处理。

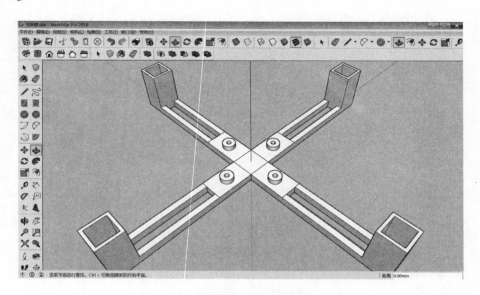

图 10-19　支架镂空处理

10.4　无人机电池盒固定孔

无人机电池盒固定孔如图 10-20 所示。

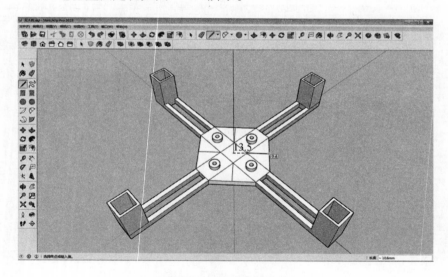

图 10-20　电池盒固定孔

第一步：选择"直线"工具 ✎，连接底坐上表面各端点，如图 10-21 所示。

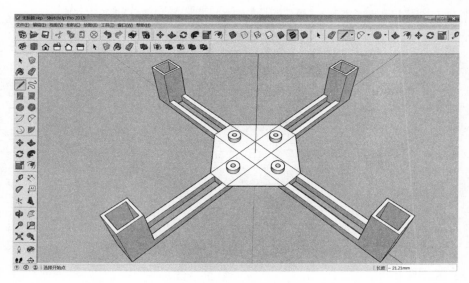

图 10-21 连接底坐各端点

第二步：选择"推/拉"工具 ，把三角形截面向下推 3 mm；选择"直线"工具 ✐，连接三角形顶点到边线的中点，以原点为圆心，绘制半径为 13.5 mm 的图，如图 10-22 所示。

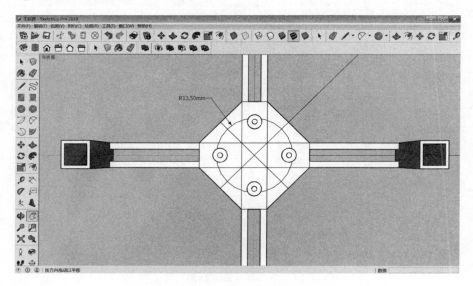

图 10-22 绘制半径为 13.5 mm 的圆

第三步：在圆与三角形中线的交点处绘制半径为 0.9 mm 的圆，如图 10-23 所示。

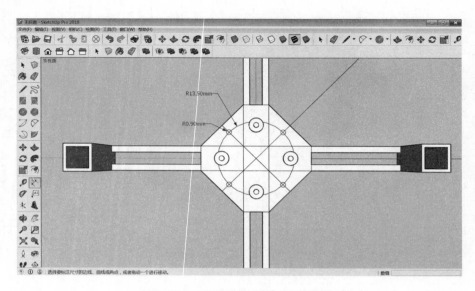

图 10-23　绘制半径为 0.9 mm 的圆

第四步：把上述小圆做镂空处理，删除多余的辅助线，如图 10-24 所示。

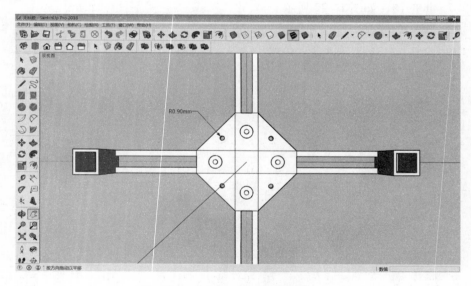

图 10-24　半径 0.9 mm 的圆镂空处理

第五步：选择"推/拉"工具 ，把三角形截面向下推 1.5 mm，如图 10-25 所示。

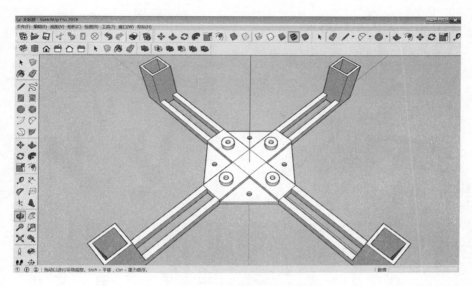

图 10-25 三角形截面向下推 1.5 mm

第六步：选中绘制好的无人机主机机身，右键创建组件，如图 10-26 所示。

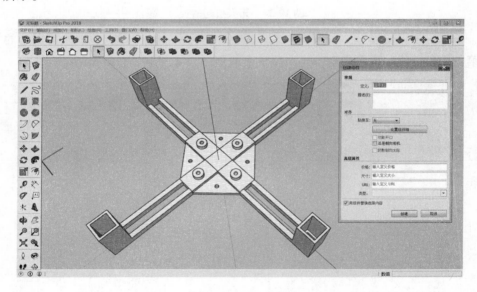

图 10-26 创建组件

第七步：执行"文件 | 保存"菜单命令，选择"保存路径和文件名"，保存文件。

10.5 无人机起落架

无人机起落架如图 10-27 所示。

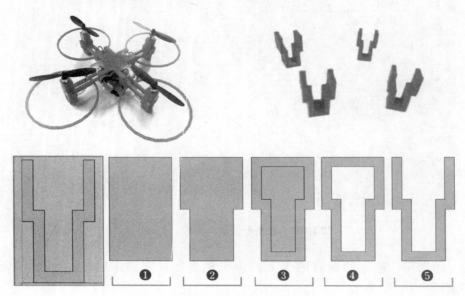

❶ ❷ ❸ ❹ ❺

图 10-27 无人机起落架

第一步：切换至"前视图" 🏠，选择"矩形"工具 ◧ ；以原点为矩形的第一个角，绘制大小为 22 mm×13 mm 的矩形，如图 10-28 所示。

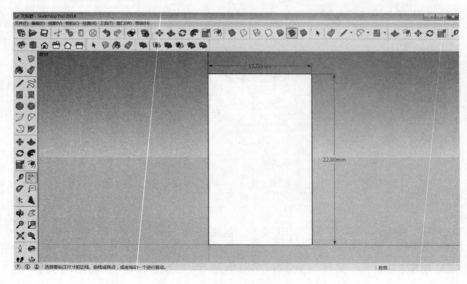

图 10-28 绘制矩形

第二步：选择"直线"工具 ，从矩形长边的中点向内绘制长为 2 mm 的线段，并连接到矩形的宽边，如图 10-29 所示。

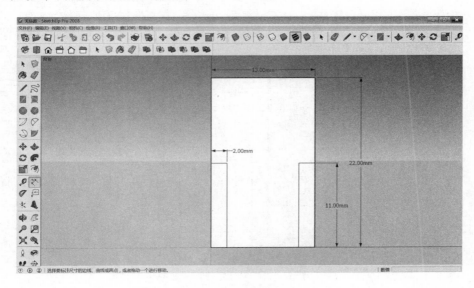

图 10-29 绘制辅助线

第三步：选择"擦除"工具 ，擦除视图中多余的截面和线段，如图 10-30 所示。

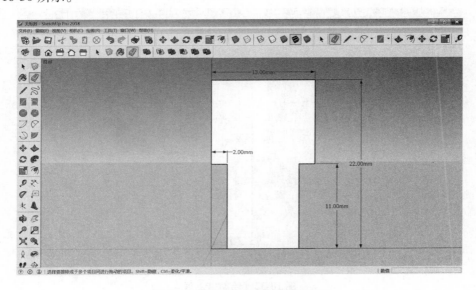

图 10-30 擦除多余的截面和线段

第四步：选择"偏移"工具 ，把外边线向内偏移 2 mm，如图 10-31 所示。

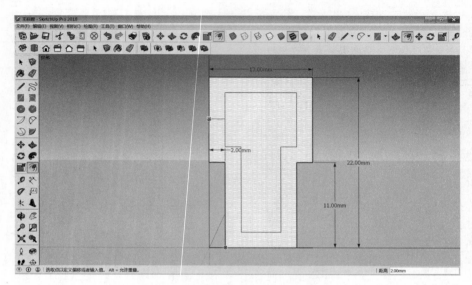

图 10-31 外边线向内偏移 2 mm

第五步：选择"直线"工具 ，延长内部图形两边的侧边线至外边框，如图 10-32 所示。

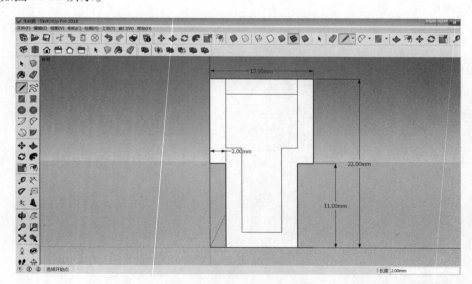

图 10-32 绘制辅助线

第六步：选择"擦除"工具 ，擦除多余的辅助线，如图 10-33 所示。

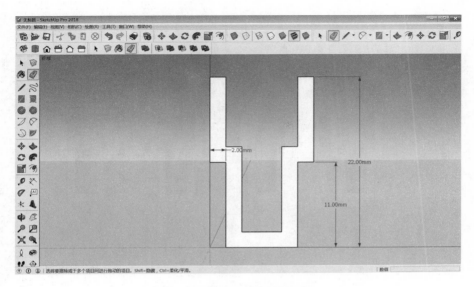

图 10-33　擦除多余的辅助线

第七步：切换至"等轴视图" ，把起落架拉伸 9 mm，如图 10-34 所示。

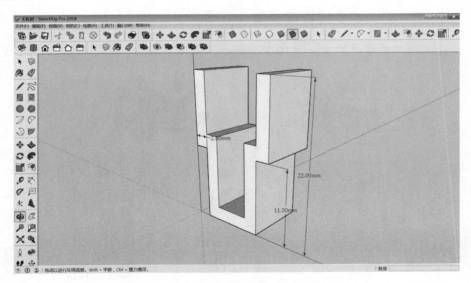

图 10-34　起落架拉伸 9 mm

第八步：切换至"前视图" 🏠，隐藏尺寸标注信息，单击鼠标右键创建组件；使用【Ctrl】键 + "移动"工具 ✛，复制 4 个起落架并将其移动至右侧，如图 10-35 所示。

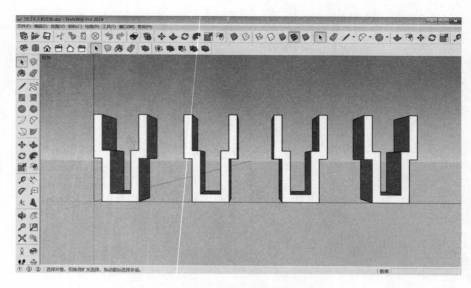

图 10-35 复制 4 个起落架

第九步：执行"文件｜保存"菜单命令，选择"保存路径和文件名"，保存文件。

10.6 无人机主控板保护盖

无人机主控板保护盖如图 10-36 所示。

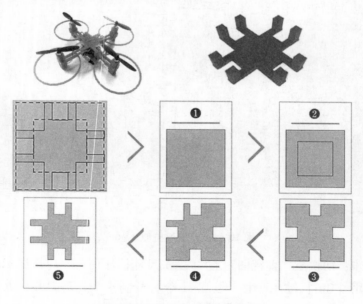

图 10-36 无人机主控板保护盖

第一步：切换至"俯视图" ，选择"矩形"工具 ；以原点为矩形第一个角，绘制边长为 50 mm 的正方形，如图 10-37 所示。

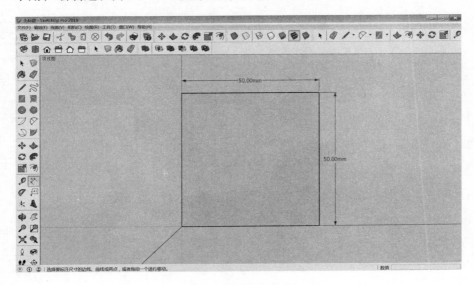

图 10-37 绘制正方形

第二步：选择"偏移"工具 ，沿边线向内偏移 10 mm，如图 10-38 所示。

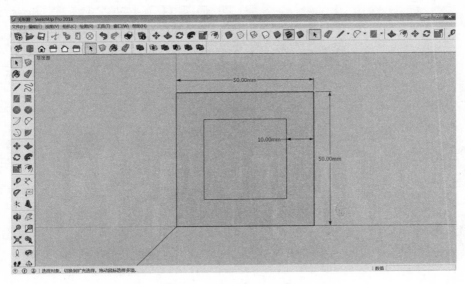

图 10-38 边线向内偏移 10 mm

第三步：选择"直线"工具 ，绘制内正方形边线与外正方形边线的中点连线，并从此线向两侧绘制 9 mm 的辅助线。连接相关线段后，再次从横向 9 mm 线段中点处绘制两个正方形边上的连接线，如图 10-39 所示。

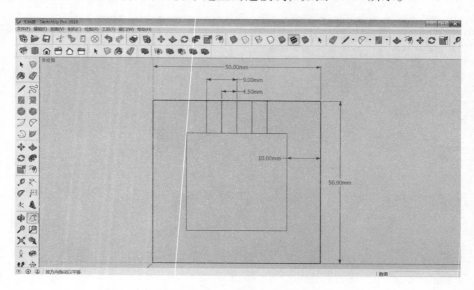

图 10-39　绘制辅助线

第四步：依次绘制其他各边的线段，如图 10-40 所示。

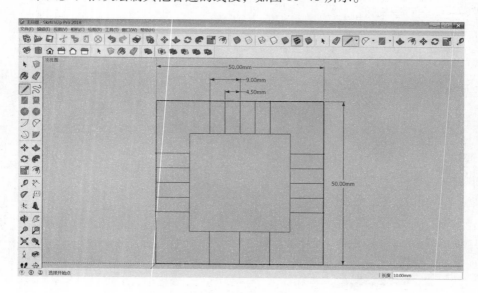

图 10-40　绘制其他辅助线

第五步：选择"擦除"工具 ✎ ，擦除多余线段，如图 10-41 所示。

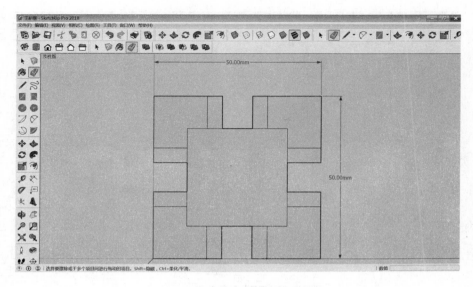

图 10-41 擦除多余线段

第六步：选择"直线"工具 ✐，绘制大正方形边线上距中点 9 mm 处向内部的延长线并相交，如图 10-42 所示。

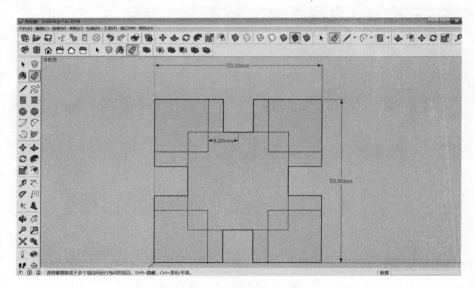

图 10-42 绘制内正方形 4 个角的边上垂线向内部的延长线

第七步：选择"擦除"工具 ◢，擦除 4 个角多余的线段，如图 10-43 所示。

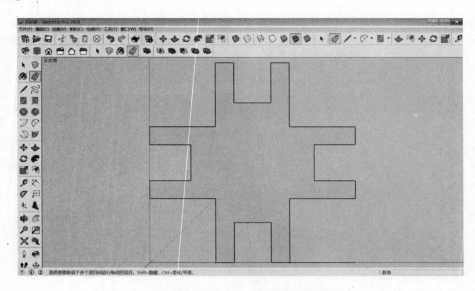

图 10-43　擦除 4 个角多余的线段

第八步：切换至"等轴视图" 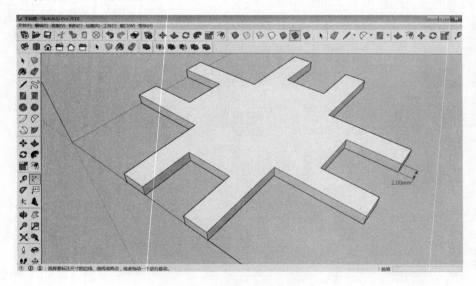，选中图 10- 43 中的截面向上拉伸 2 mm，如图 10-44 所示。

图 10-44　截面向上拉伸 2 mm

第九步：选择"卷尺"工具 ，量出并标注出各顶边向内 5 mm 的点，如图 10-45 所示。

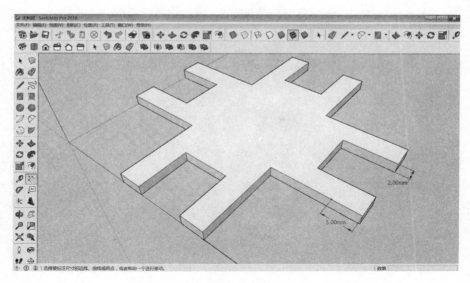

图 10-45　标注出各顶边向内 **5 mm** 的点

第十步：选择"直线"工具 ╱ 连接标注点的对边，如图 10-46 所示。

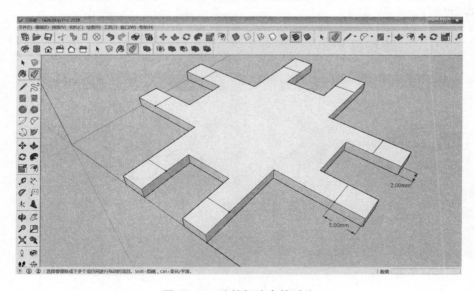

图 10-46　连接标注点的对边

第十一步：隐藏视图中的参考线和尺寸标注信息，选择"推/拉"工具 ╬，把各顶点的小矩形向上拉伸 **10 mm**，并选中所有图形单击鼠标右键创建组件，效果如图 10-47 所示。

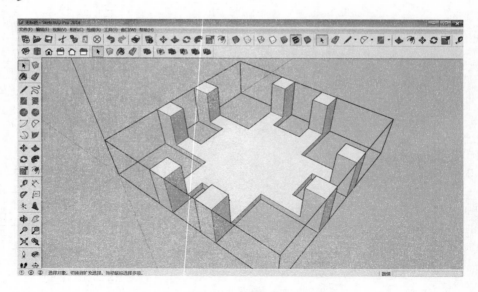

图 10-47　无人机主控板保护盖

第十二步：执行"文件 | 保存"菜单命令，选择"保存路径和文件名"，保存文件。

10.7　绘制保护翼

保护翼如图 10-48 所示。

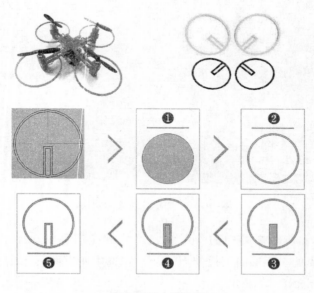

图 10-48　保护翼

第一步：切换至"俯视图" ，选择"圆"工具 ；以原点为圆心，绘制半径为 35 mm 的圆，如图 10-49 所示。

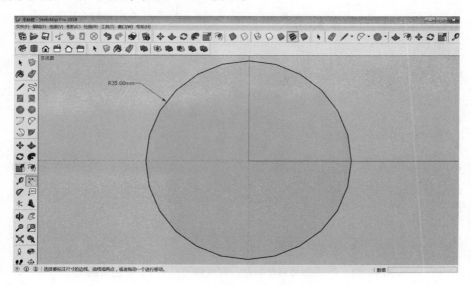

图 10-49 绘制半径为 35 mm 的圆

第二步：圆的外边向内偏移 2 mm，选择并删除圆中间的截面，如图 10-50 所示。

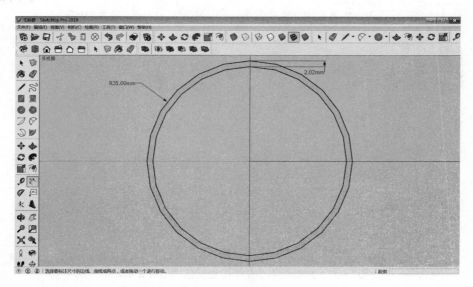

图 10-50 圆的外边向内偏移 2 mm

第三步：以圆心为起点向左、右两侧绘制 4.5 mm 的直线，并连接至内部圆的边线，如图 10-51 所示。

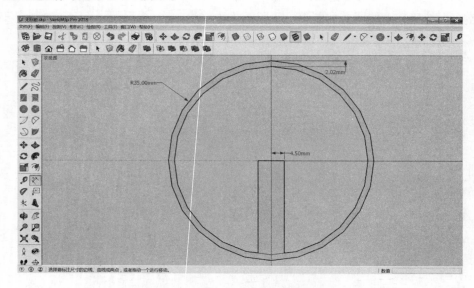

图 10-51   以圆心为起点向左、右两侧绘制 4.5 mm 的直线

第四步：选择"偏移"工具 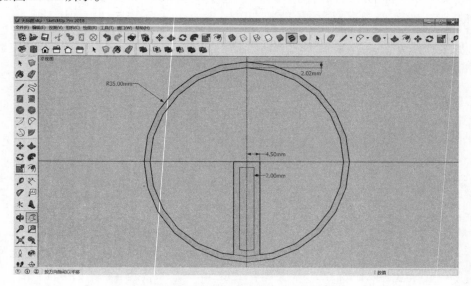 把内部近似小矩形的边长向内偏移 2 mm，如图 10-52 所示。

图 10-52   内部近似小矩形的边长向内偏移 2 mm

第五步：选择"移动"工具 ，把内部近似小矩形的下端边线拉伸到内圆边，如图 10-53 所示。

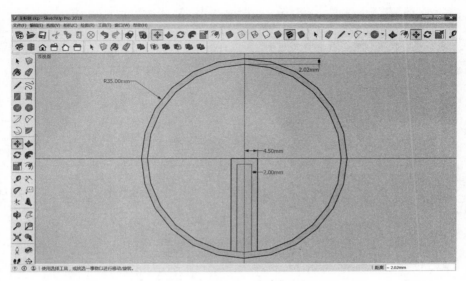

图 10-53 近似小矩形的下端边线拉伸到内圆边

第六步：使用"选择"工具 ▶ 和"擦除"工具 ✎ 删除多余线条和近似小矩形内部的截面，隐藏尺寸标注信息，如图 10-54 所示。

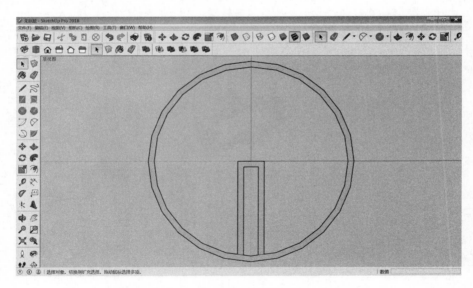

图 10-54 删除多余线条和截面，隐藏尺寸标注信息

第七步：切换至"等轴视图" ，把图 10-54 所示图形，整体向上拉伸 2 mm，如图 10-55 所示。

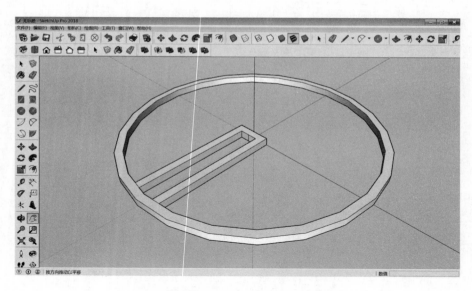

图 10-55　整体向上拉伸 2 mm

第八步：执行"文件 ┃ 保存"菜单命令，选择"保存路径和文件名"，保存文件。

10.8　无人机电池盒

无人机电池盒如图 10-56 所示。

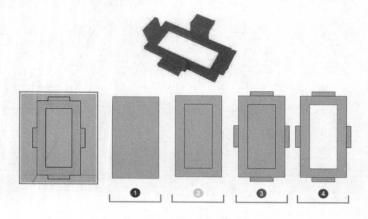

图 10-56　无人机电池盒

第一步：切换至"俯视图"□，选择"矩形"工具◪；以原点为矩形第一个角，绘制尺寸为 20 mm×38 mm 的矩形，如图 10-57 所示。

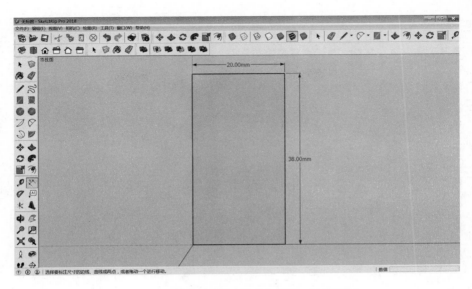

图 10-57 绘制尺寸为 20 mm × 38 mm 的矩形

第二步：选择"偏移"工具 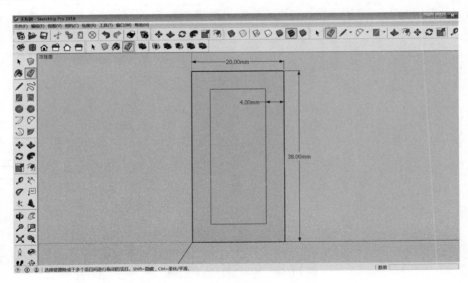，把矩形边线向内偏移 4 mm，如图 10-58 所示。

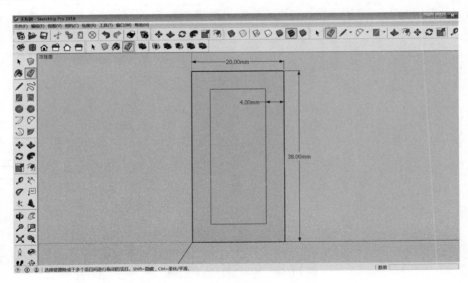

图 10-58 矩形边线向内偏移 4 mm

第三步：选择"直线"工具 ✐，从矩形各边的中点，向外绘制 2 mm 的线段，并在顶点向两边绘制 5 mm 的线段（见图 10-59），连接各线段形成如图 10-60 所示的小矩形。

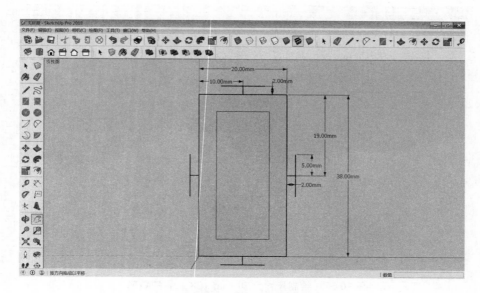

图 10-59　绘制辅助线

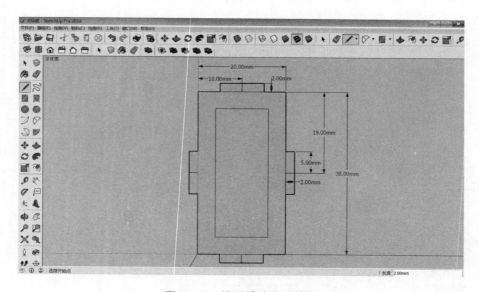

图 10-60　绘制辅助线后效果

第四步：使用"选择"工具 ![icon] 和"擦除"工具 ![icon] 删除多余的线条和中间小矩形的内部截面，如图 10-61 所示。

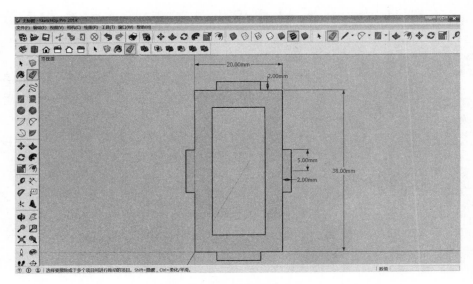

图 10-61　删除多余的线条和截面

第五步：切换至"等轴视图" ，选择"推/拉"工具 把矩形整体向上拉伸 2 mm，把四边上的小矩形向上拉伸 10 mm，如图 10-62 所示。

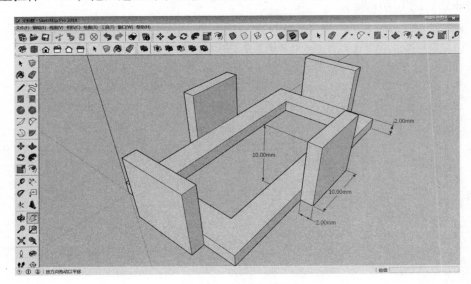

图 10-62　拉伸后的效果

第六步：选择"卷尺"工具 ，在长边上的两个小矩形顶点向下标注 3 mm，选择"直线"工具 连接小矩形外侧 3 mm 处两条边线，如图 10-63 所示。

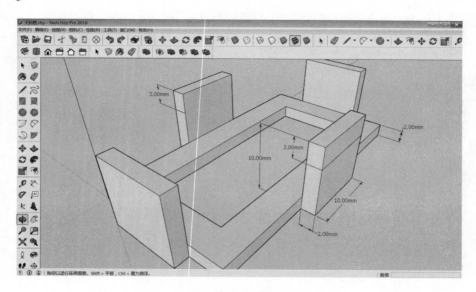

图 10-63　标注尺寸

第七步：选择"推/拉"工具 ，沿 3 mm 处向外侧拉伸 5 mm，拉伸后的效果如图 10-64 所示。

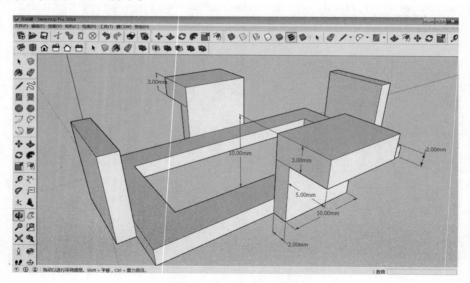

图 10-64　拉伸后的效果

第八步：切换至"俯视图" ，在延伸出的矩形中点，选择"圆"工具 ，绘制半径为 0.9 mm 的圆，如图 10-65 所示。

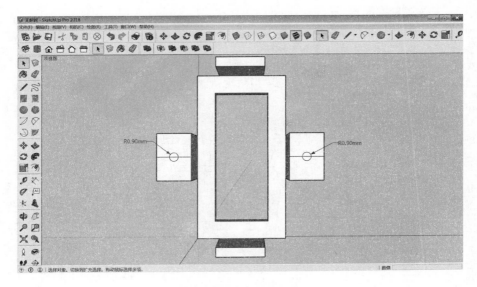

图 10-65 绘制圆

第九步：切换至"等轴视图" ，选择"擦除"工具删除多余的辅助线。选择"推/拉"工具，把上述小圆向下推 3 mm，进行镂空处理，效果如图 10-66 所示。

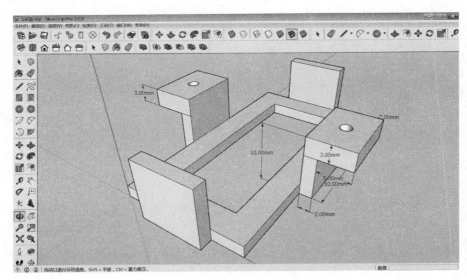

图 10-66 小圆镂空效果

第十步：隐藏参考线和尺寸标注信息，将电池盒创建为组件，如图 10-67 所示。

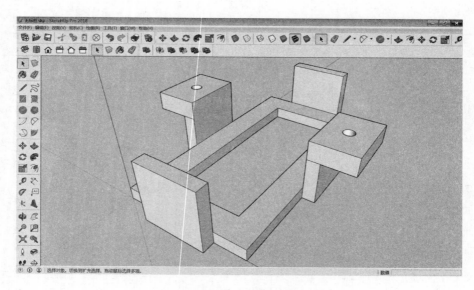

图 10-67　创建组件

第十一步：执行"文件 | 保存"菜单命令，选择"保存路径和文件名"，保存文件。